黄土高原典型小流域淤地坝调查研究

李　莉　杨吉山　刘真真　著

黄河水利出版社
·郑州·

内 容 提 要

淤地坝是黄土高原地区治理水土流失的主要工程措施之一，本书是作者对黄土高原地区淤地坝问题调查和研究成果的汇总。本书主要内容包括：黄河流域淤地坝发展和研究现状、淤地坝坝系蓄洪拦沙级联调控作用研究、次暴雨条件下小理河流域淤地坝拦沙量调查研究、基于淤地坝的流域沟道侵蚀产沙研究等。

本书可供水土保持工作者及相关专业大学师生参阅。

图书在版编目(CIP)数据

黄土高原典型小流域淤地坝调查研究/李莉，杨吉山，刘真真著. —郑州：黄河水利出版社，2020.10(2022.7 重印)

ISBN 978-7-5509-2857-2

Ⅰ.①黄… Ⅱ.①李… ②杨… ③刘… Ⅲ.①黄土高原-小流域-坝地-调查研究 Ⅳ.①TV871.2

中国版本图书馆 CIP 数据核字(2020)第 238692 号

组稿编辑：张倩　　电话：13837183135　　QQ：995858488

出 版 社：黄河水利出版社　　网址：www.yrcp.com

地址：河南省郑州市顺河路黄委会综合楼 14 层　邮政编码：450003

发行单位：黄河水利出版社

发行部电话：0371-66026940、66020550、66028024、66022620(传真)

E-mail：hhslcbs@126.com

承印单位：河南新华印刷集团有限公司

开本：890 mm×1 240 mm　1/16

印张：8.75

字数：202 千字

版次：2020 年 10 月第 1 版　　印次：2022 年 7 月第 2 次印刷

定价：78.00 元

前　言

黄土高原是世界上水土流失最严重的地区之一。黄土高原地区每年向黄河输入的泥沙量占黄河总输沙量的80%,是黄河泥沙的主要来源。黄土高原剧烈的水土流失也给当地自然环境、经济和社会带来了极大危害,严重影响了该地区的可持续发展。能否有效控制黄土高原地区的水土流失是治理黄河水沙灾害的关键,也是从根本上改善当地生态的关键。

在黄土高原地区治理水土流失的措施主要有生物措施和工程措施,其中工程措施主要包括坡地改梯田、沟头防护、淤地坝、拦泥库、水库等。淤地坝是劳动人民经过长期实践发展而来的重要的水土保持工程之一,因产生效果快、经济效益显著受到当地居民的欢迎。中华人民共和国成立以来,党和国家高度重视对黄土高原地区水土流失的治理,淤地坝的建设经历了20世纪50年代的试验示范阶段、60年代的全面推广阶段、70年代的建设高潮阶段、80~90年代的以治沟骨干工程为主体的坝系建设阶段,以及近年来以提高淤地坝安全稳定性为主要方向的提质增效阶段。根据2011年第一次全国水利普查,黄土高原建设有淤地坝58 466座,其中骨干坝5 655座,中小型坝52 000座。根据有关统计数据估算,黄土高原地区淤地坝在当前阶段每年拦沙量1亿t左右,可见淤地坝为减少入黄沙量发挥着重要的作用。

淤地坝建设的早期阶段的目的主要是拦沙造地,但淤地坝在实际运用过程中发挥着拦沙、控制沟道侵蚀、削减洪峰、增加地下水、蓄水灌溉及养殖、美化环境等多方面的作用。随着我国经济和社会的快速发展,淤地坝逐渐被赋予了更多的功能和要求,也必将在黄河流域生态保护和高质量发展的国家大战略中发挥更大的作用。

淤地坝建设和管理已经取得了许多成绩和成功经验,但由于淤地坝是自然和经济社会两方面结合的产物,使其成为一个十分复杂的研究对象,随着社会经济的发展,新的问题仍将不断出现。另外,由于淤地坝分布面积广、数量众多,对淤地坝进行大量的、具体的调查和研究工作是必不可少的。本书所涉及的榆林沟、小河沟、韭园沟、小理河流域及西柳沟上游流域都属于黄土丘陵沟壑区,水土流失非常严重,流域内都有大量的淤地坝分布。本书除第1章绪论外主要从以下三个方面开展了相关问题的分析:

第2章:淤地坝坝系蓄洪拦沙级联调控作用研究。通过分析研究区小流域坝系资料,对坝系内各单坝和坝系单元的级联物理模式进行了概化,研究了单坝及不同级联模式下的坝系防洪效应,分析了不同级联模式下坝系对泥沙的调配和利用情况。

第3章:次暴雨下条件下小理河流域淤地坝拦沙量调查研究。2017年7月26日,无定河发生百年一遇的暴雨洪水,小理河流域位于本次特大暴雨区内,本章对小理河流域646座淤地坝开展了实地调研,分析了次暴雨条件下淤地坝的拦沙能力。

第4章:淤地坝控制小流域的沟道侵蚀产沙研究。选择西柳沟支流小乌兰斯太沟流域为主要研究区域,通过对典型淤地坝小流域进行实地野外观测,对沟道侵蚀产沙过程与特征进行了详细分析。

本书是在多个课题研究成果的基础上进行整合而成的,在研究工作中得到了多位专家的大力支持和帮助,在此表示衷心的感谢!

由于撰写时间仓促及作者水平所限,书中难免出现错误和不当之处,敬请各位专家及读者赐教指正。

本书前言由杨吉山撰写,第1、4章由杨吉山撰写,第2章由李莉撰写,第3章由刘真真撰写,全书由李莉统稿。

作　者

2020年8月

目　录

第1章 绪 论

在自然因素和不合理人类活动的共同作用下,人类赖以生存的环境正遭受着越来越严重的侵害,水土流失也已经成为我国社会经济发展所面临的头号环境问题。黄土高原地区是世界上水土流失最严重的地区之一,黄河是驰名世界的多泥沙河流,严重的水土流失是黄河下游洪水泥沙灾害的主要根源,粗泥沙是黄河下游主要淤积物。黄土高原剧烈的水土流失给该地区自然环境、经济和社会带来了极大危害。由于水土流失,林草植被被大量破坏,黄河中下游河道泥沙淤积,形成了著称于世的“地上悬河”。水土流失严重影响了该地区经济的可持续发展。

1.1 淤地坝发展概况

淤地坝是黄土高原地区广大人民群众在长期的同水土流失的斗争实践中,创造了一种行之有效的水土保持工程措施,按淤地坝工程建筑物的组成,可分为:“三大件”(坝体、溢洪道和放水建筑物)、“两大件”(坝体和放水建筑物)和“一大件”(仅有坝体)。按照库容的大小,淤地坝可分为大、中、小三种类型:库容为50万~500万m^3的称为大型淤地坝,或称骨干工程、骨干坝;库容为10万~50万m^3的称为中型淤地坝;库容小于10万m^3的称为小型淤地坝。

据考证,最早的淤地坝是自然形成的,距今已有400多年,出现于明代隆庆三年(1569年),在陕西子洲县裴家湾乡境内的黄土洼,因自然滑坡、坍塌形成天然聚湫,后经人工修整而形成高60 m、淤地54 hm^2的淤地坝。有记载的人工筑坝始于明代万历年间(公元1573~1619年)的山西省汾西县。1945年黄河水利委员会(简称黄委)批准关中水土保持实验区在西安市荆峪沟流域修建淤地坝,是黄委在黄土高原地区修建的第一座淤地坝。

中华人民共和国成立以来,黄土高原地区淤地坝建设得到了快速发展,大体经历了4个阶段:20世纪50年代的试验示范阶段,60年代的推广普及阶段,70年代的发展建设阶段和80年代以来以治沟骨干工程为主体的坝系建设阶段。进入20世纪90年代以后,随着淤地坝治沟骨干工程和旧坝加固工程及配套设施建设的大规模开展,国家加大了对淤地坝建设的投入,进一步加快了淤地坝的发展进程。

1.2 国内外研究概况

1.2.1 淤地坝对泥沙粒径变化影响的研究动态

根据以往的研究成果,作为黄河中游多沙粗沙区淤地坝分布最为集中的河龙区间,1970~1996年淤地坝减沙量占水土保持措施减沙总量的64.7%。钱云平等分析认为,黄河中游兴建的水利水土保持工程措施对控制水土流失、减少泥沙特别是粗泥沙的入黄量。韩鹏等认为,水土保持措施可以减少泥沙,尤其是粗泥沙的入黄量。

淤地坝是快速减少粗泥沙的首选工程措施和第一道防线。但随着时间的推移,河龙区间粗泥沙比重、淤地坝减沙量和拦减粗泥沙量均呈下降趋势,淤地坝拦减粗泥沙量的时效性比较明显。黄河中游河龙区间20世纪80年代以来,输沙量明显减少,韩鹏等研究认为,龙门水文站实测的河流泥沙粒径有细化的趋势,淤地坝建设是造成该站泥沙细化的主要原因,该站泥沙中值粒径从20世纪50年代的0.032 4 mm,70年代的0.028 5 mm到80年代的0.025 0 mm。冉大川通过对黄河中游河龙区间淤地坝拦减粗泥沙和淤地坝水土保持措施实施前后泥沙粒径变化的分析,指出自20世纪70年代以来,河龙区间粗泥沙占比(粗泥沙量占年输沙量的比例)、淤地坝减沙量和拦减粗泥沙量均呈下降趋势;实施水土保持措施治理后,绝大部分流域泥沙中值粒径和平均粒径同时变小,泥沙明显变细,淤地坝具有明显的“拦粗排细”功能。

1.2.2　淤地坝拦沙减蚀作用研究

刘勇等(1992)根据泾河南小河沟小流域1961~1990年的实测资料进行了淤地坝减蚀作用分析,结果表明受局部沟段坝地固沟作用的影响,南小河沟小流域的沟蚀量减轻了16.2%;冉大川等在以往有关研究成果的基础上,得出南小河沟小流域1970~2004年治沟骨干工程的总减蚀量占其总拦沙量的20.9%;唐克丽(1993)等根据1959~1989年的资料,对无定河赵石窑以上坝地的减蚀作用进行了分析,结果表明,赵石窑以上坝库年均减蚀量占赵石窑水文站同期多年平均输沙量的20.8%。刘晓燕认为,潼关以上坝地年平均减蚀量为0.145亿t。淤地坝是黄河流域重要的水土保持工程措施,2000~2012年潼关以上淤地坝年均拦沙量在1亿t以上。

黄河水沙变化研究基金项目、国家“十一五”和“十二五”科技支撑计划项目、李景宗、刘晓燕等都对黄河流域淤地坝拦沙量进行了分析和计算,研究表明潼关以上区域淤坝的年均拦沙量多在1亿t以上。淤地坝的减沙效益是指一定时段内淤地坝拦沙量与假定无水土保持措施条件下流域的产沙量之比。

近几年黄河流域多次发生局部暴雨,为研究淤地坝在次暴雨中的拦沙减沙作用提供了机会。2017年7月25~26日在陕西省子洲县和绥德县发生大暴雨,黄河水利委员会、中国科学院等单位组织力量进行了灾后调查。黄河水利科学研究院联合绥德水土保持局对无定河流域一千多座不同淤地坝进行了系统的调查和测量,获得了大量的第一手资料,并以此为基础研究了无定河流域的侵蚀产沙情况。根据黄河水利科学研究院的调查分析,“7·26”洪水过程中,小理河流域淤地坝拦沙量793万t,占全流域侵蚀产沙量的69%;岔巴沟流域淤地坝拦沙量236万t,占全流域侵蚀产沙量的73%。史学建等利用小理河流域21座无放水工程的坝和19座排水不畅淤地坝的泥沙沉积信息,计算了坝控流域的土壤侵蚀模数,建立了土壤侵蚀模数与暴雨量之间的关系。

淤地坝拦沙量的变化也直接反映在河流入黄沙量的变化上。许炯心研究发现,在1970年以来多沙粗沙区入黄泥沙量减少的总体背景下,1986~1997年入黄泥沙量有所增加,这一现象的出现与20世纪80年代以后淤地坝修建数量减少,淤地坝拦沙能力有所降低有关。水利部2000年把淤地坝建设作为“亮点工程”加以推动以后，部分小流域中淤地坝数量迅速增加，拦沙能力提高很明显。例如，内蒙古十大孔兑地区的西柳沟流域淤地坝建设主要开始于2000年以后，宁夏清水河流域2006年淤地坝迅速增加，在该年份以后入黄沙量减少十分显著。但是根据对这两个流域淤地坝建设资料的统计发现，2012年以后新的淤地坝建设数量很少。刘晓燕提出，2010年以后潼关以上地区每年建成的淤地坝数量不足100座。

淤地坝减蚀作用体现在淤地坝建成或淤满后，在淤地坝控制面积或淤积物覆盖范围内，沟床下切、沟坡崩塌、滑塌及泻溜得到一定程度的遏制或消失。淤地坝减蚀量包括被坝内泥沙淤积物覆盖下的原沟谷侵蚀量和淤泥面以上沟谷侵蚀的减少量，但是后一部分数据因实测资料极少，很难确定，因此目前对淤地坝减蚀作用的研究还很不成熟。

1.2.3 淤地坝泥沙淤积量估算及淤积特征研究

淤地坝泥沙淤积量估算对淤地坝工程的设计、运行和管理都具有十分重要的意义，如果在设计中忽略了泥沙淤积量的计算或者估计量偏低，则会影响淤地坝坝系布局、坝系组成和综合效益的正常发挥，甚至会造成严重的损失。准确估算淤地坝拦截泥沙量是衡量淤地坝减沙效益的根本指标，而且淤地坝拦截泥沙量是流域产沙模数计算的基础数据，不同年代序列的淤地坝泥沙淤积情况可以衡量流域土壤侵蚀变化情况，对于水土流失治理能够起到评价和指导作用。同时，正确估算淤地坝泥沙淤积量，对于合理设计淤地坝的淤积库容和规划淤地坝的总体建设具有重要的意义，且对流域范围内的水土保持工作及水资源评价和分析具有积极的参考作用。

目前对于淤地坝泥沙淤积量估算方法的研究相对较少，首先，大多数学者利用放射性核素示踪技术研究淤地坝泥沙的淤积速率，例如李勉及文安邦应用^{137}Cs和210Pbex复合示踪方法研究了川中紫色丘陵区小流域水田沉积泥沙来源及泥沙淤积速率，应用^{137}Cs示踪技术初步研究了三峡地区不同土地利用方式的侵蚀速率，紫色土陡坡耕地侵蚀强烈，林草地侵蚀轻微；张信宝通过^{137}Cs示踪技术估算了黄土丘陵区云台山沟小流域淤地坝在1960~1970年的产沙模数，为12 900 t/(km^2·a)。

其次，通过建模或者淤积体概化模型估算淤地坝泥沙淤积量，如管新建等基于BP神经网络建模方法，依据降水资料和淤积信息对应关系所计算的实际资料，预测陕西省榆林市子洲县南部小河沟流域花梁坝在侵蚀性降水条件下的淤地坝泥沙淤积量；吴伟等根据淤地坝坝内泥沙淤积特征，提出了中小型淤地坝泥沙淤积量的估算方法，主要包括水文比拟估算法、依据淤地坝当地的水文观测数据或水文站实测泥沙资料直接推算泥沙淤积量、泥沙淤积体规则概化法、坝区泥沙淤积过程粗估法等；朱旭东等建立了宁夏回族自治区南部山区好水川流域淤地坝泥沙淤积体的概化模型，结合泥沙观测数据和以库容曲线为基础的泥沙淤积量测算方法，估算了好水川流域淤地坝的泥沙淤积量。

另外，现阶段估算淤地坝泥沙淤积量应用较广泛的方法是将早期的地形图数据和测绘技术相结合，如魏霞等利用1:10 000地形图和AutoCAD软件建立库容曲线，并结合实测的淤积层厚度，求得每个淤积层的泥沙淤积量；叶浩等(2006)利用高精度GPS动态测量方法和MapGIS分析功能，并结合淤地坝内泥沙颗粒的沉积旋回和沉积物的分析，定量估算了内蒙古南部砒砂岩分布区内淤地坝的泥沙淤积量和泥沙淤积速率，结果表明该淤地坝的年平均淤积速率是 10 371 t/(km^2·a)；汪亚峰等采用高精度差分 GPS 技术，测量了坝地淤积面平均高程和淤地面积，结合建坝前坝体范围沟道的 1∶10 000 地形图，重建了高程—面积/库容曲线，估算了坝地泥沙淤积量；Díaz et al. 和 Ramos-Diez et al. 主要通过全站仪进行详细的地形测量，应用棱柱法、棱锥法、数字地形模型、梯形法和截面法等估算淤地坝泥沙淤积量，通过对比不同方法的计算结果可知，由于地形测量的准确性高，截面法能够得到更准确的结果。

不论是利用放射性核素^{137}Cs 示踪技术推求淤积速率，建立淤地坝泥沙淤积体概化模型；还是利用差分 GPS 技术或者全站仪得到淤积面实际高程后，计算出淤地坝淤积体积，实地测量淤地坝次暴雨下淤积量的方法较前两种方法易操作，同时能够较准确地获取本次暴雨下淤地坝淤积泥沙情况，能够直观地观测场次暴雨下，淤地坝拦沙情况，但是实地测量费时费力，很难在大尺度流域范围内系统开展。

第 2 章　淤地坝坝系蓄洪拦沙级联调控作用研究

坝系建设是水利水土保持工作“三大亮点”工程之一，在黄土高原地区，以多沙粗沙区为重点全面展开，淤地坝建设工作进入最重要的时期。经过近几十年的发展，淤地坝建设和管理虽然取得了许多成功经验，但仍然存在一些问题需要深入研究，概括起来主要有包括几个方面：坝系空间布局不合理，病险坝多的问题；设计标准偏低而造成坝体破坏或垮坝的问题；建坝施工质量差，工程不配套的问题；相当数量的中小型淤地坝，缺乏合理的设计施工要求，不按技术规范操作和施工质量差是造成垮坝事故的主要原因；坝体管理水平差，维护粗放的问题。

坝系空间布局问题的研究是其他研究的前提和基础，其他问题的研究是坝系空间合理布局和有效维护的保障。坝系空间布局是坝系规划的重要环节，主要包括不同规模坝的坝址分布、数量比例配置和坝高的确定等几个方面。坝系空间布局是否合理将直接影响整个坝系资金的投入和效益的发挥。当前关于坝系空间布局研究，有一些学者针对骨干坝建立了优化模型并进行坝址和坝高的优化，有一些学者通过统计总结出小流域中不同规模坝的数量配置比例，而关于小流域坝系的不同布局结构对坝系的运行方式和效果的影响，尤其是单坝之间、单坝与坝系单元之间、不同坝系单元之间以及各坝系单元与整个小流域坝系之间的联合作用机制和蓄洪拦沙效益调控作用并没有过多的研究。

鉴于此，在提出黄土高原小流域淤地坝系空间布局结构辨析问题基础之上，系统分析不同坝级配置、不同级联方式（串联、并联、混联）淤地坝对洪水和泥沙的调控作用机制，为坝系空间布局优化方法的提出和改进，以解决坝址、坝高和数量配置比例优化问题。这对坝系建设资金的投入以及坝系效益的发挥都具有重大的实践意义。

2.1　小流域淤地坝坝系级联物理模式研究

坝系不仅存在相互之间的位置关系，而且还存在着某些功能与作用上的联系，将坝与坝之间的布局关系称为坝系结构，则坝与坝或坝系单元之间的关系存在以下 3 种基本形式。

（1）串联。

串联方式指在一条沟道内从上游至下游依次布置若干座淤地坝，呈梯级分布状。如图 2-1 所示，1 号坝、2 号坝和 3 号坝之间属于串联关系。坝与坝之间采用串联方式布设的优势在于各个单坝沿程对从上游向沟道下游传递的洪水泥沙实施分层、分段就地拦蓄，对洪水泥沙的控制能力强，相互之间关联密切，并能够起到相互调节、协作保护等作用。但又存在明显的缺点，一旦发生垮坝等安全事故，其影响和危害也更大，特别是当上游坝发生垮坝时，大量洪水瞬时下泄，直接增加下游相邻坝的拦洪压力，甚至出现连锁溃坝现象。

(2)并联。

并联方式是指流域内若干座淤地坝之间的位置相对独立,位于不同的沟道中,相互之间不存在洪水泥沙的输移传递关系,彼此之间没有直接影响。图 2-1 中 1 号坝、2 号坝和 3 号坝与 4 号坝之间即属于并联关系。并联方式与串联方式的最大区别在于,相互之间没有互为调节、保护的关系,关联性不强。因此,一旦某一座坝出现事故,与之并联的坝不会受到影响。

(3)混联。

混联也即串联与并联共存的关系,指在一个子坝系内,坝与坝之间既存在串联方式,又存在并联关系的联结方式。图 2-1 中的 5 座坝作为一个系统整体来分析,就属于串并联共存的混联模式。例如,1 号坝、2 号坝、3 号坝与 4 号坝为并联关系,但又分别与下游 5 号坝属于串联关系。黄土丘陵沟壑区小流域沟壑纵横、沟道分布错综复杂,坝系布局基本都属于串并联混合模式。

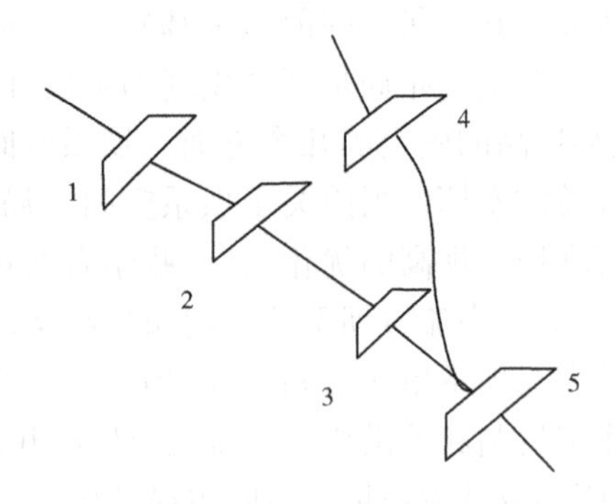

图 2-1　小流域沟道坝系级联物理模式

坝系的总体布局是流域内坝系级联物理模式的整体反映,需要从坝系总体结构、控制关系、防洪结构、拦沙结构以及水沙调控关系等方面,以统筹兼顾坝系的防洪、拦沙、生产为手段,通过现状坝系的结构分析,结合流域沟道地貌,分析坝系的长期发展策略,构造坝系内单坝、沟道坝系和坝系单元间的级联结构。合理的级联结构不仅能有效调控沟道的洪水,而且能够通过不断的拦沙淤积,以最优化运用、最简捷稳定和最低经济投入的结构实现坝系的相对稳定。

2.1.1　研究区域概况

研究对象选取位于黄土丘陵沟壑区第一副区的 3 个典型小流域,该区地形以梁峁状丘陵为主,地形破碎,沟壑纵横密布,沟壑密度达 3~7 m/km^2,沟道深度 100~300 m,沟道多呈“U”字形或“V”字形。沟壑面积所占比例很大,沟间地与沟谷地的面积比为 4:6,沟间地耕垦指数高,水力侵蚀异常强烈,大部分地区风蚀也很强烈。沟谷产沙量较沟间地大,并以沟坡为主。以浅沟、切沟等沟状侵蚀为主,崩塌、泻溜等重力侵蚀次之,再次为沟床下切侵蚀。该区千沟万壑的沟道特征为坝系建设提供了适宜的建坝条件,巨量的土壤侵蚀也为淤地坝淤积提供了充足的泥沙来源。

榆林沟小流域:该流域位于陕西省米脂县境内,是无定河中游左岸的一条一级支沟,流域面积 65.6 km²,海拔 868.4~1 198.2 m,相对高差 329.8 m。其中沟谷地占 51.13%,沟间地占 48.87%,主沟道长 16.07 km,比降 1.44%。全流域沟长大于 300 m 的沟道 212 条,沟壑密度为 4.3 km/km²,沟道比降在 1.44%~15%,地面坡度大部分在 16°~35°。由于严重的水土流失,地貌发育活跃,具有地形破碎、梁峁起伏、沟壑纵横、坡陡沟深等复杂地貌特点,治理前年均侵蚀模数 18 000 t/km²。该流域地处温带半干旱地区,年蒸发量 1 200~1 800 mm,多年平均降水量为 450 mm,降水多集中在 7~9 月,且多以暴雨形式出现。流域多年平均径流深为 39.8 mm,年径流量 261.9 万 m³,流域有常流水,流量 0.027~0.046 m³/s。

小河沟小流域:该流域位于陕西省子洲县境内,是大理河左岸一级支流,无定河二级支流,流域面积 63.3 km²。主沟道长 16.47 km,比降 1.42%。海拔 921~1 249 m,相对高差 328 m。流域内长度大于 300 m 的沟道 259 条,沟道比降在 1.3%~15%,沟壑密度 3.6 km/km²。流域内地形破碎,梁峁起伏,沟壑纵横,土层深厚,极易受水力、风力等外营力的侵蚀,水土流失严重,平均土壤年侵蚀模数 15 000 t/km²,属无定河中下游丘陵沟壑强度流失区。该流域地处温带半干旱地区,年蒸发量 1 225~1 831 mm,多年平均降水量为 443 mm,降水量多集中在 7~9 月,且多以暴雨形式出现。流域多年平均径流深为 45.1 mm,年径流量 285.7 万 m³,流域有常流水,流量 0.022~0.039 m³/s。

韭园沟小流域:该流域位于陕西省绥德县境内,是无定河左岸一级支沟,流域面积 70.7 km²。主沟道长 18.0 km,比降 1.2%。海拔 820~1 180 m,相对高差 360 m。流域内长度大于 300 m 的沟道 430 条,沟道比降在 1.2%~14%,沟壑密度 5.34 km/km²。流域内地形破碎,梁峁起伏,沟壑纵横,土层深厚,土地贫瘠,植被稀少,垦殖指数高,水土流失严重,平均土壤年侵蚀模数 14 000 t/km²,属无定河中下游丘陵沟壑强度流失区。该流域地处温带半干旱地区,年蒸发量 1 519~1 600 mm,多年平均降水量为 468.6 mm,降水量多集中在 7~9 月,且多以暴雨形式出现。流域多年平均径流深为 39.2 mm,年径流量 275.7 万 m³,流域有常流水,流量 0.029~0.041 m³/s。

2.1.1.1　气候水文条件对比

本书所选 3 个典型小流域均处于均位于黄土丘陵沟壑区第一副区,气候条件非常接近,尤其是作为水力侵蚀源动力的降水、径流因素更为相似。其中,年均降水量、年最大降水量、最大雨强和最大日降水量等与土壤侵蚀关系最密切的因素中,象征离散程度的极差系数分别为 5.6%、4.2%、21.2%和 13.2%,而汛期降水量占全年总降水量的比例均达到 61.1%~70%,平均侵蚀模数也都在 15 000 t/(km²·a)以上,均属于剧烈侵蚀区。由此来看,所选 3 个小流域具有相似的气候水文条件,小流域洪水产生的条件和防洪对小流域坝系的要求也是非常接近的。详见表 2-1。

2.1.1.2　沟道地貌特征件对比

本书对小流域沟道地貌特征和建坝资源的分析,是建立在小流域沟道水网结构分级的基础之上的。根据美国地貌学家 A. N. Strahler 提出的地貌几何定量数学模型的分级原理和方法,首先将一个流域内最小的不可分支的支沟作为Ⅰ级沟道,2 个Ⅰ级沟道汇合后形成的沟道作为Ⅱ级沟道,2 个Ⅱ级沟道汇合成的沟道作为Ⅲ级沟道,依此类推,直至全流域沟道划分完毕。通过全流域的水沙河槽为最高级沟道。

表 2-1 典型小流域气候水文条件对比表

项目	榆林沟	小河沟	韭园沟	平均值	极差	极差系数(%)
年均降水量(mm)	450	443	468.6	453.9	25.6	5.6
年均蒸发量(mm)	1 557	1 586.5	1 522	1 555.2	64.5	4.1
最大年降水量(mm)	704.8	721.3	735.3	720.5	30.5	4.2
最小年降水量(mm)	186.1	193.5	232	203.9	45.9	22.5
汛期降水量占比(%)	64.2	70	61.1	65.1	8.9	13.7
最大雨强(mm/h)	45	42.5	52.4	46.6	9.9	21.2
最大日降水量(mm)	131.2	150	146.6	142.6	18.8	13.2
年均径流量(万 m^3)	261.9	285.8	275	274.2	23.9	8.7
年均径流深(mm)	39.8	45	39.5	41.4	5.5	13.3
平均侵蚀模数[t/(km^2·a)]	18 000	15 000	18 000	17 000	3 000	17.6

基于以上分级原则,在对小流域坝系结构进行分析时,将不可分支的毛沟定为Ⅰ级沟道。以往调查结果显示,在黄土丘陵沟壑区,长度不足 300 m 的沟道基本不具备建坝潜力,一般不考虑在此类沟道修筑淤地坝。因此,本书以 300 m 作为为Ⅰ级沟道的起点长度,长度不足 300 m 的沟道忽略不计,仅对 300 m 以上沟道做 A. N. Strahler 水系图,进而完成小流域沟道特征分布和坝系结构分析。

对榆林沟、小河沟和韭园沟 3 个典型小流域分别做水系图分析,结果如图 2-2~图 2-4 所示。

根据水系图的基础上将长度在 300 m 以上的沟道等级划分为Ⅰ、Ⅱ、Ⅲ、Ⅳ、Ⅴ共 5 个等级,得到沟道特征如表 2-2 所示。

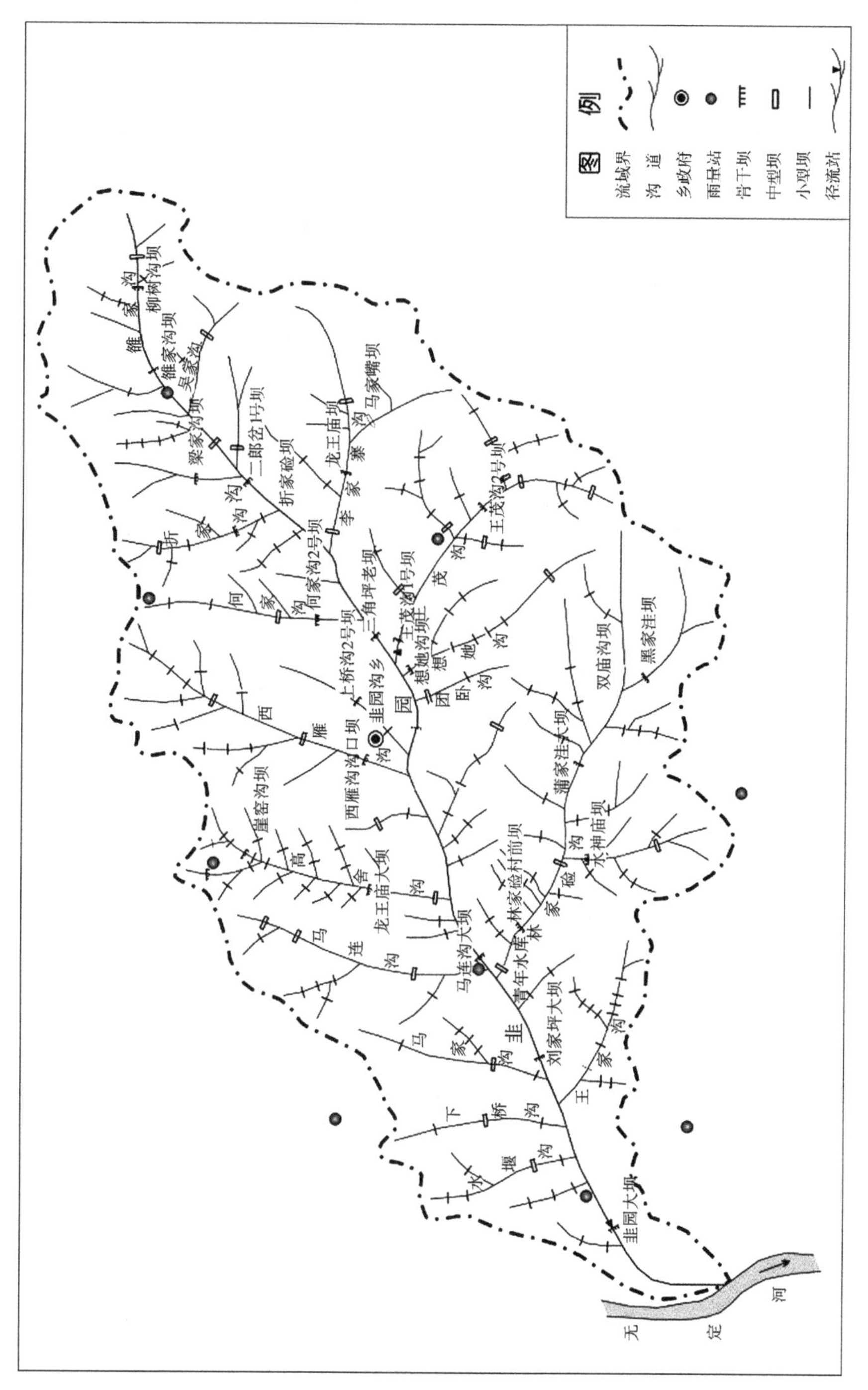

图 2-2　韭园沟小流域沟道特征和坝系结构分布

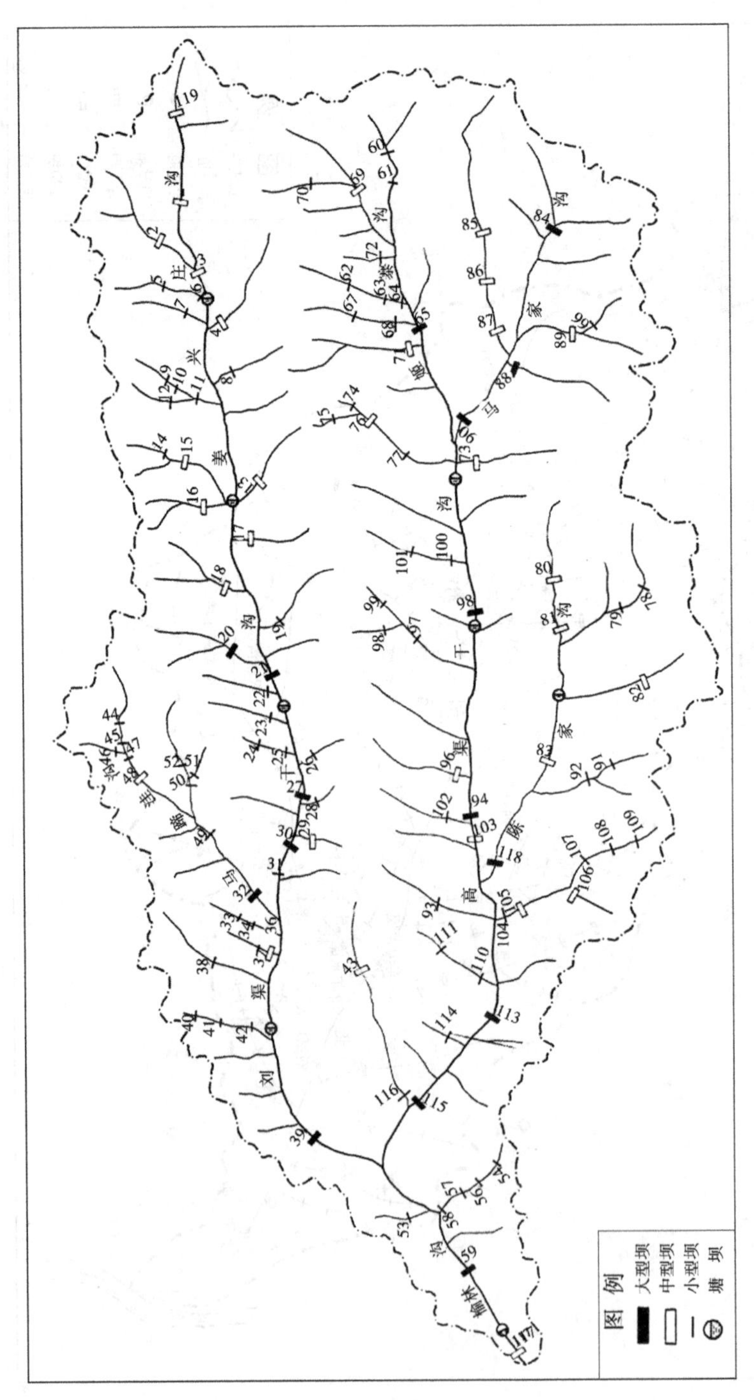

图 2-3　榆林沟小流域沟道特征和坝系结构分布

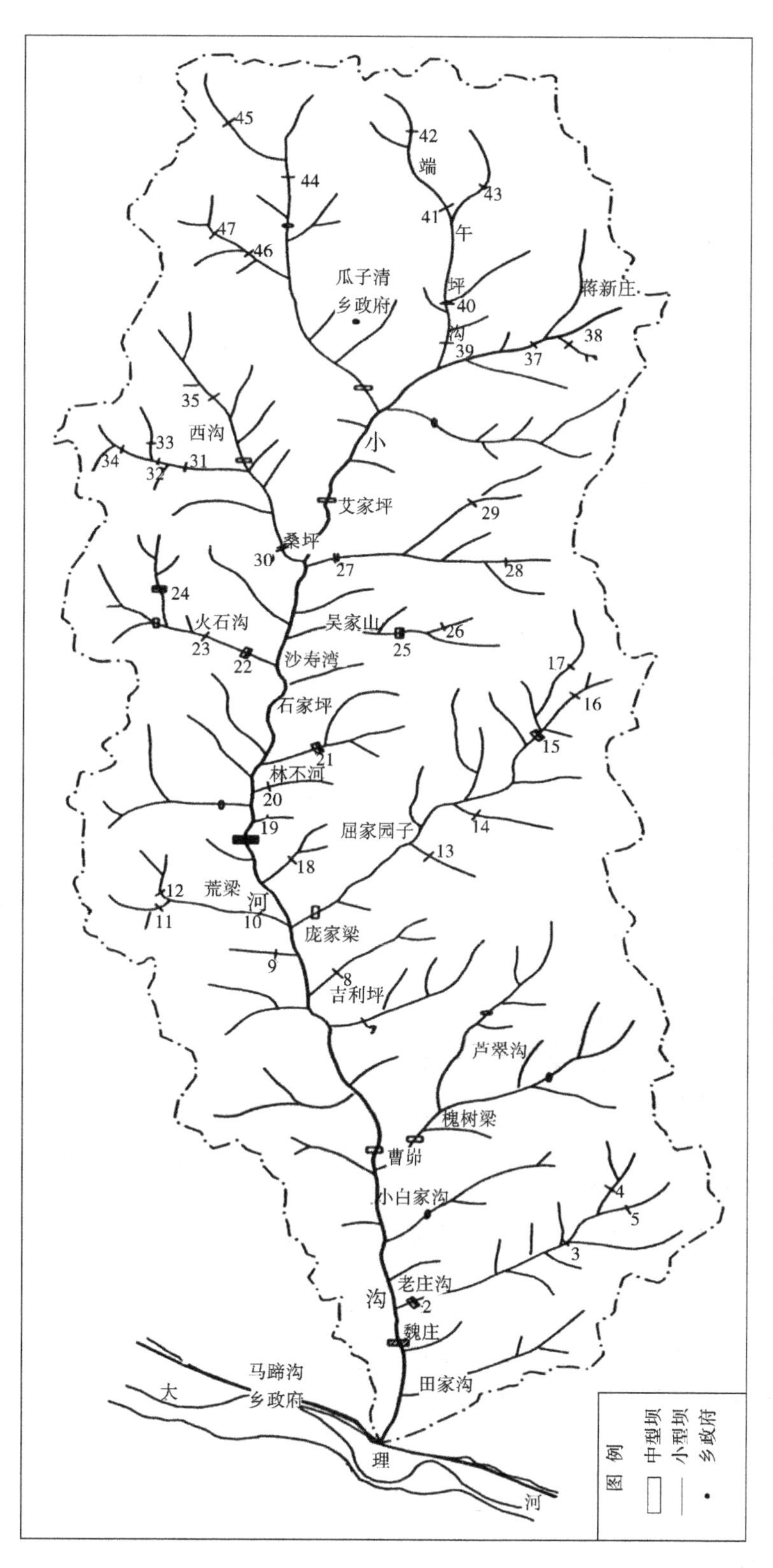

图 2-4　小河沟小流域沟道特征和坝系结构分布

表 2-2　典型小流域沟道地貌特征对比

小流域	沟道分级	沟道数量(条)	比例(%)	平均面积(km^2)	平均段沟长(m)	平均比降(%)
榆林沟	Ⅰ级	278	83.7	0.165	508	10.78
	Ⅱ级	45	13.6	0.816	808	4.8
	Ⅲ级	6	1.8	7.718	3 828	1.7
	Ⅳ级	2	0.6	31.13	5 865	1.3
	Ⅴ级	1	0.3	65.6	2 700	0.6
小河沟	Ⅰ级	208	80.6	0.216	572	9.9
	Ⅱ级	38	14.7	0.92	747	4.64
	Ⅲ级	11	4.3	3.68	3 186	2.98
	Ⅳ级	1	0.4	63.3	13 300	1.3
韭园沟	Ⅰ级	364	84.7	0.134	472	9.5
	Ⅱ级	57	13.3	0.763	909	3.5
	Ⅲ级	8	1.9	8.73	4953	2.4
	Ⅳ级	1	0.2	70.7	15 600	1.2

由表 2-2 可以看出,3 个典型小流域各级沟道的数量分布和地貌特征非常相似,除榆林沟小流域可以划分为 5 级沟道,且Ⅴ级沟道为流域主沟外,小河沟和韭园沟均为 4 级沟道小流域,其Ⅳ级沟道为流域主沟道。各小流域内部不同级别沟道分布情况比较接近,Ⅰ级沟道数量最多,占总沟道数量的比例均在 80.6%~83.7%;随着沟道级别的增大,沟道数量锐减,Ⅱ级沟道数量占总沟道数量的比例在 13.3%~14.7%;随着汇水面积增加,Ⅲ级沟道数量仅 6~11 条,占沟道总数量的 1.8%~4.3%;Ⅳ级沟道除了榆林沟有 2 条,韭园沟和小河沟都是以Ⅳ级沟道为主沟;Ⅴ级沟道仅榆林沟小流域主沟 1 条。

韭园沟小流域Ⅰ级沟道数量最多,平均面积最小,为 0.134 km^2;小河沟小流域Ⅰ级沟道数量最少,平均面积最大,为 0.216 km^2,接近韭园沟小流域的 1.5 倍;榆林沟小流域Ⅰ级沟道数量和平均面积均居中,分别为 278 条和 0.165 km^2。沟道数量和集水面积的不同,在修建淤地坝时需配置的坝型和坝数也有不同,从而使得小流域坝系的内部结构和功能也存在一定的差异。

3 个小流域沟道比降与沟道所属级别关系密切,基本规律是:沟道所处流域的集水面积愈大,沟道比降愈小;沟道所处流域集水面积愈小,沟道比降愈大。沟道比降通过对建坝坝址的影响来间接影响到淤地坝的坝型、库容、淤地面积、运行周期和投资效益等各项指标。一般来说,在其他建坝条件一致的情况下,淤地坝的库容和可淤地面积与沟道比降成反比关系,即沟道比降越大,库容和淤地面积越小,拦泥、拦洪及淤地效益越差。具体来看,Ⅰ级沟道的平均比降在 9.5%~10.78%,根据沟道比降对建坝的影响来看,Ⅰ级沟道适宜修建小型坝。Ⅱ级沟道平均比降在 3.5%~4.8%,相对Ⅰ级沟道平缓许多,一般适宜修建中型坝,个别沟道修建小型坝。Ⅲ、Ⅳ级沟道平均比降基本都在 3.0%以下,且集水面积较大,宜修建大型坝和骨干工程。

根据以上分析,3 个典型小流域的沟道平均面积、平均沟段长、平均比降均比较接近,完全可以在沟道分级基础上进行坝系格局和配置模式的对比分析。在分别对坝系中坝与坝之间、坝系单元与坝系单元间的串联、并联和混联关系进行结构分析的基础上，进一步阐明小流域坝系与沟道坝系单元分片、分层对洪水泥沙的控制关系，揭示小流域坝系蓄洪拦沙能力的级联效应。

2.1.2　小流域坝系结构的级联物理模式解析

任何一个 30~200 km^2 的小流域，其坝系总是包含若干个相对独立的子坝系，这些子坝系属于总坝系的一个部件或控制单元，在坝系的群体联防中，控制着上游或支沟的一个部分，把这些坝系称为坝系单元。与小流域沟道分级做比较，坝系单元的控制范围正好符合Ⅲ级沟道的面积特征。也就是说，Ⅲ级沟道的坝系结构就是一个坝系单元，一个坝系单元的控制范围正好符合治沟骨干工程的建设条件。

一个坝系单元由于控制面积比较大，控制区域内包含不同级别的沟道，淤地坝数量众多，大、中、小型淤地坝俱备，因为沟道特征的复杂性，淤地坝的分布亦相对分散而结构复杂。因此，内部控制和从属关系也较为复杂，很难用一个统一的坝系结构概括所有的小流域坝系，同时，很难对每个坝系进行详细的分解和概化来抽象其结构和分布规律。提出坝系单元的概念就是采取从整体到局部，再到个体，来寻求其相互之间的级联关系和联合作用效果，用以对总的坝系进行分解，便于分层、分片、分项说明，同时便于类比分析，寻求一般性规律，为坝系的规划、布局、选址提供参考，并在坝系发展过程中对坝系结构做出及时调整，避免运行中出现威胁坝系安全的问题，并进一步促使坝系向相对稳定状态发展，以最大程度地发挥小流域坝系的生态效益、经济效益和社会效益。

2.1.2.1　榆林沟小流域坝系级联物理模式解析

根据黄委绥德水土保持科学试验站 1999 年坝系调查资料，结合榆林沟小流域水系图和坝系配置图集，对榆林沟小流域坝系结构进行解析，解析的结果如图 2-5 所示：榆林沟小流域坝系在总体上可划分为 1 个主沟坝系（班家沟主沟坝系）、2 个干沟坝系（冯渠干沟坝系、刘渠干沟坝系）和 5 个坝系单元（马家沟、姬家寨、陈家沟、姜兴庄和马蹄洼坝系单元）。结合小流域水系结构、沟道特征和淤地坝分布情况对该坝系中各淤地坝分布进行分级、分段、分层、分片，以此解构坝系内部的级联作用关系。以下采用图解方式分别对主沟坝系、干沟坝系及各坝系单元内部结构和控制关系进行解析。

从图 2-5 可以看出，榆林沟小流域坝系框架布局中各个单坝与坝系单元之间存在确定的控制或从属关系。在 2 条Ⅳ级沟道中分别形成了刘渠和冯渠干沟坝系，均由主沟坝系所控制。刘渠干沟坝系控制面积 13.73 km^2，其中 2 条Ⅲ级沟道中又分别形成姜兴庄和马蹄洼 2 个坝系单元；冯渠干沟坝系控制面积 14.38 km^2，其中 3 条Ⅲ级沟道分别形成姬家寨、马家沟和陈家沟 3 个坝系单元。

按坝系单元的定义和划分原则，榆林沟坝系共包含 5 个坝系单元，其坝系单元的分布及特征见表 2-3。从表 2-3 可以看出，榆林沟小流域Ⅲ级沟道平均面积为 6.24 km^2，平均沟段长度 2.33 km，平均比降为 1.82%，适宜建设大型淤地坝，作为流域内蓄洪拦沙的主要场所。坝系单元平均控制面积为 5.74 km^2，各坝系单元建坝数量在 9~14 座，每坝系单元平均布坝 11 座，大、中、小型淤地坝配置比例为 1.2∶3.2∶6，1 座大型坝平均控制 2.7 座

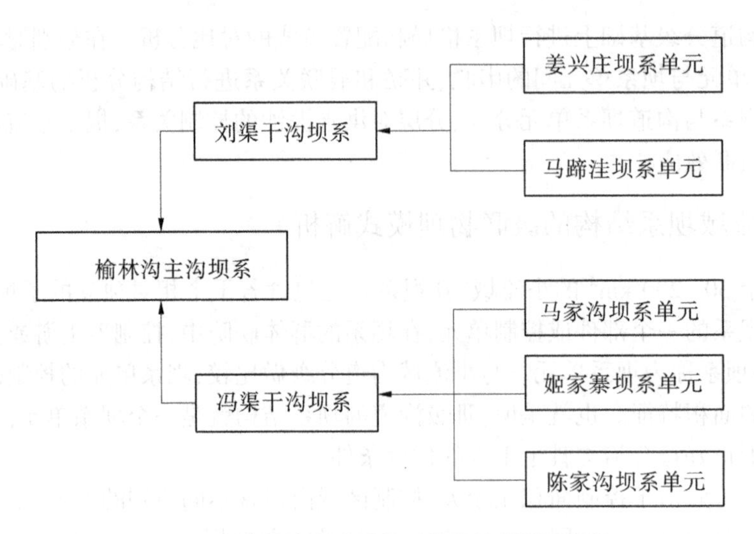

图 2-5 榆林沟小流域坝系单元控制关系框架

中型坝及 5 座小型坝。各坝系单元内部控制大、中、小型坝的数量分别为 1.5 座、3.2 座和 6 座。各坝系单元之间对洪水泥沙的控制关系表现为联合拦蓄、互为补充、彼此协调运用。其中,冯渠干沟坝系中,姬家寨和马家沟坝系单元均处于上游,相互之间为并联关系,通过拦蓄洪水泥沙为下游干沟大坝减轻防洪压力,内部各中小型坝较快淤积成地,进行农业生产。陈家沟坝系单元位于干沟坝系中游位置,它对洪水泥沙的拦蓄起着承上启下的作用,通过拦截上游下泄的洪水来缓解干沟拦洪坝的防洪压力。

表 2-3 榆林沟小流域坝系单元内级联控制关系特征

项目	单位	坝系单元					合计	平均
		马家沟	姬家寨	陈家沟	姜兴庄	马蹄洼		
Ⅲ级沟道面积	km^2	6.87	6.05	6.65	8.16	3.46	31.19	6.24
单元面积	km^2	6.8	4.47	6.61	7.44	3.36	28.68	5.74
沟段长	km	2.45	2.80	2.80	2.10	1.50	11.65	2.33
比降	%	1.63	2.25	1.51	1.7	2	9.09	1.82
坝库数量	座	9	11	11	14	10	55	11
骨干大型	座	3	1	1	2	1	8	1.6
中型坝	座	4	1	4	4	1	14	2.8
小型坝	座	1	9	5	7	8	30	6
外控关系		上控	上控	左控	上控	右控		
		冯渠	冯渠	冯渠	刘渠	刘渠		
内控关系	大	3	1	1		1	6	1.5
	中	4	2	5	4	1	16	3.2
	小	1	9	4	8	8	30	6

由表 2-4 可以看出,5 个坝系单元对流域面积的平均控制率为 90.1%,其中中型坝的控制率为 41.7%,小型坝控制率为 28.9%,由此可见,大型骨干坝在小流域坝系中处于较高能级,基本总控领域内来水来沙。当前库容平均淤积率已达 80.1%,平均面积淤积率已达 83.8%。5 个坝系单元中,除马蹄洼通过中期加高,尚能抵御 200 年一遇洪水外,其余坝系仅能抵御 20 年一遇洪水,当前防洪压力较大,亟待进行坝系结构调整和加高增容,以确保坝系整体安全。

冯渠干沟坝系总库容 520.19 万 m^3,其中马家沟和姬家寨 2 个坝系单元库容总量 422.2 万 m^3,占总库容的 80%。当前干沟坝系总拦泥 727.5 万 m^3 中,马家沟和姬家寨共拦泥 294.3 万 m^3,占总拦泥量的 48.3%,对下游坝系起到了很好的减压作用;位于中游位置的陈家沟坝系单元当前拦泥量为 125.3 万 m^3,占总拦泥量的 21.3%,承上启下作用明显,且有较大剩余库容,可以在较长时期内继续起着保护下游干沟大坝的作用。刘渠干沟坝系共 368.6 万 m^3 库容,位于上游的姜兴庄和马蹄洼 2 个坝系单元分别拦泥 124.7 万 m^3 和 161.5 万 m^3,占干沟坝系总拦泥量的 77.4%,对下游的保护作用非常明显。

表 2-4　榆林沟小流域坝系单元运行特征

项目	单位	坝系单元					合计	平均
		马家沟	姬家寨	陈家沟	姜兴庄	马蹄洼		
单元面积控制率	%	99	78.9	99.4	78.6	98.1		90.08
中型坝面积控制率	%	38.5	19.8	73.6	49.3	27.6		41.76
小型坝控制率	%	3.8	40.6	19.8	33.6	46.9	144.7	28.94
单元总库容	万 m^3	298.25	125.3	203.7	168.9	200.1	996.25	199.25
已淤库容	万 m^3	174.37	120	174.1	124.7	161.5	754.67	150.93
剩余库容	万 m^3	123.88	5.3	29.6	44.2	38.6	241.58	48.31
大型占总比	%	61.4	40.4	35.1	0	64		40.18
小型坝锁沟比	%	62.5	71.4	63.2	74.1	54.5		65.14
库容淤积率	%	58.5	89.2	95.5	76.7	80.1		80.10
单元当前防洪能力	年	20	20	50	20	200		62
洪水处理		溢洪道	溢洪道	溢洪道	控制坝垮	溢排涵泄		
单元已淤面积	km^2	21	18.8	26.6	17.7	21.2	105.3	21.06
面积淤积率	%	67.1	89.8	89.8	78.1	94.6		83.88
利用率	%	81.4	57.5	93.2	74.3	95.6		80.4
相对平衡系数	$1/x$	32.7	32.2	25	47.7	16.3		30.78

从以上特征分析可知,榆林沟的坝系单元分布比较对称,结构配置合理。至于坝系存在的问题则主要在于:榆林沟坝系运行情况老化严重,剩余库容不足,拦沙淤积能力变差,

也是坝系长期运行后存在的普遍问题。由于长期只重视生产，坝地面积利用率达80.1%，又忽略补充建设和维护管理，目前对于整个坝系来看，已经逐渐失去"上拦下保、独当一面"的作用，上游洪水泥沙大部分下泄，给干沟造成严重的压力，尚需进一步对个别库容有限的大型坝进行加高、加固，或者建设新的控制性坝库工程。

2.1.2.2　小河沟小流域坝系级联物理模式解析

小河沟小流域总面积63.3 km²，流域全长18.03 km，平均宽度4.4 km，形状呈现长条形柳叶状，主沟长16.47 km，根据水系图可将全流域沟道分为Ⅰ级沟道、Ⅱ级沟道、Ⅲ级沟道和Ⅳ级沟道，其中Ⅰ级沟道208条，Ⅱ级沟道39条，Ⅲ级沟道11条，Ⅳ级沟道即主沟，仅1条。根据2002年坝系调查资料，结合小流域坝系配置图沟道，可将每条建有淤地坝的Ⅲ级沟道看作一个独立的坝系单元，则共有8个坝系单元，其位置关系如图2-6所示。

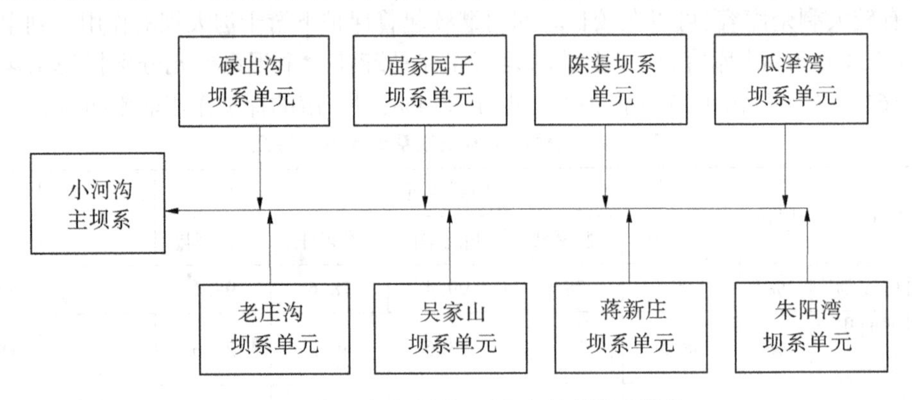

图2-6　小河沟小流域坝系框架控制关系结构

小河沟坝系共可划分为10个坝系单元，其坝系单元的分布特征及运行现状分别见表2-5、表2-6。小河沟小流域各坝系单元依沟道位置和地貌特征形成，单元面积差别较大，最小为1.98 km²，最大为主沟道坝系单元，单元面积16.7 km²。由于小河沟形状呈长柳叶状，除主沟道坝系单元外，分布于主沟道两侧的坝系单元沟段长度均不大，在2.81 km左右，平均比降在1.69%~1.84%，比降较小，适宜在沟口处建设大型淤地坝或控制性拦洪坝。各坝系单元平均建坝数量在5.3座左右，相当于榆林沟小流域每坝系单元11座淤地坝的1/2和韭园沟小流域20座的1/4。由于小河沟小流域仅Ⅳ级沟道一条主沟，各坝系单元均匀分布于主沟道两侧，各坝系单元之间不存在控制和从属关系。

小河沟小流域各坝系单元对所在流域的面积控制率平均达到92.3%，其中中小型坝控制率为54.1%，其余均由大型骨干坝所控制，凸显出该流域以大型坝为主的建坝思路。大型坝占总坝数量仅30.1%，但库容却占坝系总库容的76.5%。当前平均库容淤积率在68.3%左右，因此现状防洪能力还较大。除朱阳湾、蒋新庄和瓜泽湾为50年一遇外，其余坝系单元均在100年一遇以上，在一定时期内，小河沟可以保证坝系防洪安全，若及时进行布局调整和加高扩容，坝系蓄洪拦沙能力将会在原有基础之上有较大提高。小型坝控制沟道比平均42.2%，说明小河沟小流域建坝模式不同于韭园沟小流域"小多成群"的坝系布局特点，而是以大型坝和骨干坝等控制性坝库工程为主。

表 2-5　小河沟小流域坝系单元内级联控制关系特征

项目	单位	坝系单元										合计	平均
		朱阳湾	蒋新庄	瓜泽湾	碌出沟	吴家山	陈渠	屈家园子	老庄沟	芦草沟	主沟道		
Ⅲ级沟道面积	km^2	4.75	2.41	6.33	4.21	2.46	2.85	7.02	4.05	6.01	18.09	58.18	5.82
单元面积	km^2	4.5	1.98	5.48	3.97	2.02	2.15	6.54	3.95	5.18	16.7	52.47	5.25
沟段长	km	1.68	1.44	1.65	2.01	1.02	2.01	3.55	3.02	3.55	8.2	28.13	2.81
比降	%	1.35	2.02	1.68	1.54	1.88	1.85	1.9	2.12	2.01	1.32	17.67	1.77
坝库数量	座	5	2	5	6	3	4	5	4	3	15	53.00	5.30
外控关系		无	无	无	无	无	1	2	1	0	5	0	
内控关系	大	1	1	1	1	1	0	0	0	1	4	10.00	1.00
	中	2	1	1	4	1	3	3	3	2	6	26.00	2.60
	小	2	0	3	1	1	1	2	1	0	5	16.00	1.60

表 2-6　小河沟小流域坝系单元运行特征

项目	单位	坝系单元										合计	平均
		朱阳湾	蒋新庄	瓜泽湾	碌出沟	吴家山	陈渠	屈家园子	老庄沟	芦草沟	主沟道		
单元面积控制率	%	94.8	82.1	92.2	90	98.1	97	99.2	87.2	87.3	95.3		92.3
中型坝面积控制率	%	32.6	36.6	20.7	48.3	22.9	88.6	80.9	90.1	49.3	28.9		49.8
小型坝控制率	%	15.6	0	17.7	12.4	16.2	15.3	32.3	14.5	0	21.1		14.5
单元总库容	万 m^3	156.2	178.2	200.1	306.2	142.3	175.3	322.2	126.3	224.1	3 061	4 891.9	489.1
已淤库容	万 m^3	86.4	111.5	125.3	136.5	83.5	129.5	245.5	60.2	124.7	161.5	1 264.6	126.4
剩余库容	万 m^3	69.8	66.7	74.8	169.7	58.8	45.8	76.7	66.1	99.4	2 899.5	3 627.3	362.7
大型占总比	%	20	50	20	17.7	33.3	0	0	0	80.5	79.9	301.4	30.1
小型坝锁沟比	%	71.4	78.2	55.6	51.3	60.4	55.3	60.9	48.3	78.3	75.2	422.6	42.2
库容淤积率	%	55.3	62.5	62.61	44.5	58.6	58.5	89.2	95.5	76.7	80.1	683.7	68.3
单元当前防洪能力	年	50	50	50	200	100	100	100	300	200	500	1 650.0	165.0
洪水处理		溢洪道	溢洪道	溢洪道	溢排涵泄	溢排涵泄	溢洪道	溢洪道	溢洪道	溢洪道	溢排涵泄		
单元已淤面积	km^2	7.1	6.33	9.2	6.5	7.2	6.2	5.99	7.8	6.23	10.2	72.7	7.2
面积淤积率	%	58.3	72.1	66.4	59.8	82.2	55.2	70.45	73.89	70	65.6	673.9	67.3
利用率	%	79.3	65.2	88.2	70.1	89.3	82.5	76.6	88.1	73.2	69.8	782.3	78.2
相对平衡系数	$1/x$	28.1	26.6	24.5	37.2	18.6	26.3	28.8	30.1	35.2	21.6	277.0	27.7

2.1.2.3　韭园沟小流域坝系级联物理模式解析

韭园沟小流域总面积 70.7 km²,流域全长 19.3 km,平均宽度 5.4 km,形状呈现两端狭窄,中部较宽的阔叶状,根据水系图可将全流域沟道分为Ⅰ级沟道、Ⅱ级沟道、Ⅲ级沟道和Ⅳ级沟道,其中Ⅰ级沟道 364 条,Ⅱ级沟道 57 条,Ⅲ级沟道 8 条,Ⅳ级沟道即主沟,仅 1 条。

Ⅲ级沟道结构具备较好的建设淤地坝的地貌条件,因此,坝系基本单元均在Ⅲ级沟道形成,根据 2002 年坝系调查资料,结合小流域坝系配置图,按照坝系单元的划分原则,可将整个小流域坝系分为 1 个主沟坝系单元和 14 个子坝系单元,内部各坝系单元间的控制与从属关系如图 2-7 所示。

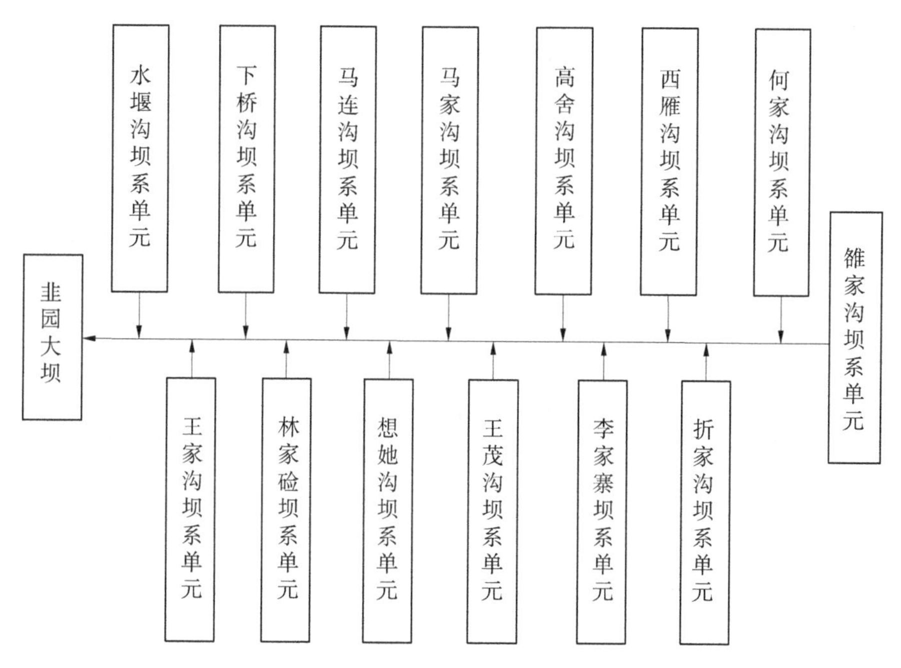

图 2-7　韭园沟小流域坝系框架控制关系结构

主沟坝系单元控制面积 31.47 km²,有大型骨干坝 9 座,中型坝 7 座,小型坝 30 座,大、中、小型坝的配置比例 1∶0.78∶3.1。

按坝系单元的定义和划分原则,韭园沟坝系共包含 14 个坝系单元,其坝系单元的结构特征见表 2-7～表 2-10。韭园沟小流域各坝系单元均在Ⅲ级沟道形成,除雒家沟坝系单元外,均分布于主沟道两侧,为主沟道的左右侧支沟。各坝系单元面积除李家寨和林硷面积较大外,其余坝系单元均在 2.38～6.01 km²,林家硷坝系单元控制面积最大,为 23.12 km²。由于韭园沟小流域形状呈宽圆的阔叶状,除主沟道坝系单元外,分布主沟道两侧的坝系单元沟段长度均不大,主要在 1.24～3.01 km,平均比降在 3.4%,Ⅲ级沟道走势平缓,适宜在沟口处建设大型淤地坝和控制性拦洪坝。各坝系单元平均建坝数量在 22.4 座,分别是榆林沟小流域坝系的 2.1 倍和小河沟小流域的 4.6 倍。由于韭园沟小流域Ⅳ级沟道为主沟,各坝系单元均匀分布于主沟道两侧,所以,各坝系单元不存在直接控制和从属关系。

表 2-7 韭园沟小流域坝系单元内级联控制关系特征(一)

项目	单位	坝系单元							合计	平均
		王家沟	马家沟	水堰沟	下桥沟	马连沟	何家沟	想她沟		
Ⅲ级沟道面积	km^2	4.54	4.51	3.02	2.88	4.01	3.06	3.55	85.8	6.1
单元面积	km^2	4.27	4.37	2.17	2.6	3.58	2.97	3.23	79.0	5.6
沟段长	km	1.24	1.02	1.38	2.6	2.58	2.3	3.01	32.3	2.3
比降	%	1.58	2.03	1.75	1.66	1.36	2.57	2.22	25.8	1.8
坝库数量	座	12	7	5	9	5	5		157.0	12.1
外控关系		无	无	无	无	无	无	无	0.0	
内控关系		0	0	0	0	0	1	1	18.0	1.3
		2	2	2	1	6	1	1	32.0	2.3
		10	5	3	2	1	3	8	113.0	8.1

表 2-8 韭园沟小流域坝系单元内级联控制关系特征(二)

项目	单位	坝系单元							合计	平均
		高舍沟	西雁沟	折家沟	李家寨	王茂沟	林家硷	柳树沟		
Ⅲ级沟道面积	km^2	7.08	3.51	2.38	12.01	6.09	23.12	6.01	85.8	6.1
单元面积	km^2	7	3.1	2.12	10.45	5.8	21.64	5.72	79.0	5.6
沟段长	km	2.6	1.5	1.28	3.1	2.01	5.2	2.45	32.3	2.3
比降	%	1.25	1.85	2.01	1.56	1.28	2.64	2.01	25.8	1.8
坝库数量	座	23	14	7	9	23	32	6	157.0	12.1
外控关系		无	无	无	无	无	无	无	0.0	
内控关系	大	3	2	1	2	2	4	2	18.0	1.3
	中	2	1	1	2	7	3	1	32.0	2.3
	小	18	11	5	5	14	25	3	113.0	8.1

表 2-9 韭园沟小流域坝系单元运行特征(一)

项目	单位	坝系单元							平均
		王家沟	马家沟	水堰沟	下桥沟	马连沟	何家沟	想她沟	
单元面积控制率	%	94.1	96.9	71.9	90.3	89.3	97.1	91.0	91.3
中型坝面积控制率	%	40.8	56.3	78.2	59.4	94.1	18.3	12.4	32.0
小型坝控制率	%	50.2	38.4	22	31.4	5.8	10.2	22.4	22.8
单元总库容	万 m^3	83.8	58.99	35.38	38	194.8	67.9	89.83	191.6
已淤库容	万 m^3	23.02	24.5	16.9	31.2	120.4	26.2	69.8	116.2
剩余库容	万 m^3	60.78	34.49	18.48	6.8	74.4	41.7	20.03	75.3
大型占总比	%	0	0	0	0	0	67.2	50.2	43.6
小型坝锁沟比	%	88.5	79.2	78.6	88.2	81.3	77.5	73.6	81.0
库容淤积率	%	27.5	41.5	47.8	82.1	61.8			59.7
单元防洪能力	年	100	100	200	200	100	200	100	178.6
洪水处理		涵泄	涵泄	涵泄	涵泄	溢排涵泄	溢排涵泄	溢排涵泄	
单元已淤面积	km^2	6.93	5.86	3.64	4.81	15.23	6.16	6.25	14.7
面积淤积率	%	52.3	80.2	76.2	59.8	72.3	68.2	52.1	68.6
利用率	%	83.2	86.1	90.1	76.3	82.1	71.2	80.1	81.3
相对平衡系数	$1/x$	32.4	29.8	40.2	35.1	24.6	26.5	35.7	33.7

表 2-10 韭园沟小流域坝系单元运行特征(二)

项目	单位	坝系单元							平均
		高舍沟	西雁沟	折家沟	李家寨	王茂沟	林家硷	柳树沟	
单元面积控制率	%	98.9	88.3	89.1	87.0	95.2	93.6	95.2	91.3
中型坝面积控制率	%	12.5	10.8	21	18.6	9.8	7.6	8.1	32.0
小型坝控制率	%	25.6	33.5	19.8	21.2	16.1	12.5	10.1	22.8
单元总库容	万 m^3	324.56	147.58	93.6	285.4	328.6	631.66	301.7	191.6
已淤库容	万 m^3	209.2	125.9	63.8	165.7	197.4	413.6	139.3	116.2
剩余库容	万 m^3	115.36	21.68	29.8	119.7	131.2	218.06	162.4	75.3
大型占总比	%	63.5	70.8	50.6	80.1	70.2	68.8	89.3	43.6
小型坝锁沟比	%	88.5	79.2	78.6	88.2	81.3	77.5	73.6	81.0
库容淤积率	%	64.5	85.3	68.2	58.1	60.1			59.7
单元防洪能力	年	200	100	200	200	300	200	300	178.6

续表 2-10

项目	单位	坝系单元							平均
		高舍沟	西雁沟	折家沟	李家寨	王茂沟	林家硷	柳树沟	
洪水处理		溢排涵泄	溢排涵泄	溢排涵泄	溢排涵泄	溢排涵泄	溢排涵泄	溢排涵泄	
单元已淤面积	km^2	22.3	16.41	9.06	23.62	29.28	44.36	11.4	14.7
面积淤积率	%	58.6	77.3	80.1	82.3	60.4	69.8	70.5	68.6
利用率	%	83.2	86.1	90.1	76.3	82.1	71.2	80.1	81.3
相对平衡系数	$1/x$	33.8	35.4	29.8	41.5	36.6	28.9	41.2	33.7

韭园沟小流域各坝系单元对所在流域的面积控制率平均达到91.3%，其中中小型坝控制率为54.8%，其余36.5%流域面积由大型骨干坝所控制，中小型坝总的控制率要高于大型坝的控制率，表现出韭园沟小流域坝系“小多成群有骨干”的布局特征。大型坝虽仅占全部淤地坝数的8.52%，但库容却占坝系总库容的51.5%。当前平均库容淤积率在68.6%左右，因此现状防洪能力还较大。各坝系单元防洪能力均在100年一遇以上，在一定时期内，可以保证坝系防洪安全，由于韭园沟小流域坝系密度较大，Ⅱ级以上沟道基本没有建坝资源，因此，短期内尚不需建设新坝，只需对个别即将淤满的中型坝和骨干坝进行加高扩容，提高其坝系蓄洪拦沙能力。小型坝锁沟比平均81.0%，这是韭园沟小流域自20世纪50年代建坝伊始即以小型坝为主，以求快速淤积成地投入生产的指导思路所致。

2.1.3 典型小流域坝系级联配置模式分析

2.1.3.1 典型小流域坝系沟道分级分布

流域坝系工程分布规律一般为：小型坝主要分布于Ⅰ级、Ⅱ级沟道，中型坝主要分布于Ⅱ级、Ⅲ级沟道；骨干坝和大型坝主要分布于Ⅲ级以上沟道，大型拦洪坝或者水库主要分布于流域主沟和干沟中下游的控制部位。小流域坝系整体的内部结构基本按照沟道级别的高低分布，并实行对上游洪水、泥沙的分级分规模控制。

本节根据榆林沟、小河沟和韭园沟3个小流域坝系现状资料，分析淤地坝在不同级别沟道的分布情况。

榆林沟小流域坝系在各级别沟道分布特征如表2-11所示。

表 2-11 榆林沟小流域坝系各级沟道分布特征

级别	T	Ld（座）	Md（座）	Sd（座）	Ld /Tr（%）	Md /Tr（%）	Sd/Tr（%）	Ld/TLd（%）	Md/TMd（%）	Sd /TSd（%）
Ⅰ级	53	1	6	46	1.9	11.3	86.8	4.8	19.4	66.7
Ⅱ级	44	2	20	22	4.5	45.5	50.0	9.5	64.5	31.9
Ⅲ级	12	8	3	1	66.7	25.0	8.3	38.1	9.7	1.4
Ⅳ级	11	8	1		72.7	9.1		38.1	3.2	
Ⅴ级	3	2	1		66.7	33.3				
合计	123	21	31	69						

注：*T* 为总坝数；*Ld* 为大型坝；*Md* 为中型坝；*Sd* 为小型坝；*Tr* 为同级别沟道总坝数；*TLd* 为大型坝总数；*TMd* 为中型坝总数；*TSd* 为小型坝总数，下同。

由表 2-11 可以看出，榆林沟小流域建在Ⅰ级沟道的坝中，小型坝有 46 座，占小流域全部小型坝总数的 66.7%；占Ⅰ级沟道坝总数的 86.8%；中型坝有 6 座，占坝系中型坝总数的 20%，占Ⅰ级沟道坝总数的 11.3%；大型坝仅 1 座，占小流域大型坝总数的 6.7%，占Ⅰ级沟道坝总数的 1.9%。

榆林沟小流域Ⅱ级沟道建有小型坝 22 座，占全流域小型坝总数的 47.8%，占同级沟道坝总数的 31.9%；中型坝 20 座，占全流域中型坝总数的 66.7%，占同级沟道坝总数的 45.3%；大型坝 2 座，占全流域大型坝总数的 13.3%，占同级沟道坝总数的 4.3%。

榆林沟小流域Ⅲ级沟道无骨干坝，大型坝 5 座，占小流域全部大型坝总数的 30%，占同级沟道坝总数的 45.5%；中型坝 3 座，占小流域中型坝总数的 27.3%。

榆林沟小流域Ⅳ级沟道中，骨干坝 1 座，占同级沟道坝总数的 9.1%；大型坝 7 座，占同级沟道坝总数的 63.3%；中型坝 8 座，占同级沟道坝总数的 27.6%；水库 2 座，占同级沟道坝总数的 18.2%。

榆林沟小流域Ⅴ级沟道，沟道 3 座坝库中，1 座拦洪坝，1 座水库，1 座中型坝。

小河沟小流域坝系在各级别沟道分布特征如表 2-12 所示。

表 2-12 小河沟小流域坝系不同级别沟道分布特征

级别	T	Ld（座）	Md（座）	Sd（座）	Ld /Tr（%）	Md /Tr（%）	Sd/Tr（%）	Ld/TLd（%）	Md/TMd（%）	Sd /TSd（%）
Ⅰ级	10	0	6	4	0	60.0	40.0	0	26.1	23.5
Ⅱ级	23	1	12	10	4.3	52.2	43.5	11.1	52.2	58.8
Ⅲ级	11	5	4	3	45.5	36.4	27.3	55.6	17.4	17.6
Ⅳ级	5	3	1		60.0	20.0		33.3	4.3	
合计	49	9	23	17						

小河沟小流域Ⅰ级沟道中，小型坝 4 座，占全流域小型坝总数的 21.4%，占Ⅰ级沟道

坝总数的40%;中型坝6座,占全流域中型坝总数的33.3%,占Ⅰ级沟道坝总数的60%。

小河沟小流域Ⅱ级沟道有小型坝10座,占全流域小型坝总数78.6%,占同级沟道坝总数的47.8%;中型坝12座,占全流域中型坝总数的52.4%,占同级沟道坝总数的47.8%;大型坝1座,占全流域大型坝总数16.7%,占同级沟道坝总数的4.4%。

小河沟小流域Ⅲ级沟道有骨干坝1座,大型坝3座,占全流域大型坝总数的33.3%,占同级沟道坝总数18.2%;中型坝4座,占全流域中型坝总数的45.5%。

小河沟小流域Ⅳ级沟道有拦洪坝1座,占同级沟道坝总数的33.3%;骨干坝、大型坝3座,占66.7%;中型坝1座,占同级沟道坝总数的9.1%。

韭园沟小流域坝系在各级别沟道分布特征如表2-13所示。

表2-13 韭园沟小流域坝系不同级别沟道分布特征

级别	*T*	*Ld*(座)	*Md*(座)	*Sd*(座)	*Ld / Tr*(%)	*Md / Tr*(%)	*Sd/Tr*(%)	*Ld/TLd*(%)	*Md/TMd*(%)	*Sd / TSd*(%)
Ⅰ级	116	0	5	111	0	4.3	95.7	0	12.5	77.1
Ⅱ级	69	13	25	31	18.8	36.2	44.9	48.1	62.5	21.5
Ⅲ级	21	9	10	2	42.9	47.6	9.5	33.3	25.0	1.4
Ⅳ级	5	5	0	0	100.0	0		18.5	0.0	
合计	211	27	40	144						

韭园沟小流域建在Ⅰ级沟道的坝库中,小型坝共81座,占小流域全部小型坝总数的52.3%,占Ⅰ级沟道坝库总数的95.3%;中型坝4座,占坝系中型坝总数的16.7%,占Ⅰ级沟道坝库总数的4.7%。

韭园沟小流域Ⅱ级沟道建有小型坝72座,占小型坝总数的46.5%,占同级沟道坝库总数的85.7%;中型坝12座,占中型坝总数的50%,占同级沟道坝库总数的14.3%;本级沟道未建大型坝。

韭园沟小流域在Ⅲ级沟道分布有骨干坝13座、大型坝5座、中型坝8座、Ⅳ级沟道坝库工程均为骨干坝共5座。

从3个典型小流域坝系在各级沟道的分布情况来看,榆林沟坝系密度为1.9座/km^2,密度较大,中、小型坝数量较多,低级沟道控制很好,大量Ⅰ级沟道已实现川台化,大坝分布适中,坝系较为完善,属于典型的以淤地坝为主的分层分级拦蓄坝系结构。小河沟坝系工程密度为0.7座/ km^2,密度较小,但中型坝所占比例较大,小型坝所占比例很小,属于规格较高的以主沟拦蓄为主的坝系。韭园沟布坝密度为3.6座/ km^2,密度最大。但坝系结构中,小型坝太多,低级沟道具备打坝条件的地方基本都建设小型坝或者谷坊,个别沟道实现川台化,骨干坝和大型坝控制很好,大、中、小比例适中,属于典型的淤地坝为主的"小多成群有骨干"的坝系。

由上述对小流域坝系在不同级别沟道的分布来看,小流域坝系在各级沟道的分布遵循以下主要原则:

建在Ⅰ级沟道的主要是小型坝和中型坝,尤其是以小型坝为主,且数量最大。个别Ⅰ

级沟道中，由于沟道较长而修建的中型坝建坝时间较早，淤积时间较长，经加高坝体后则形成现状的大型坝。

Ⅱ级沟道建坝也主要是小型坝和中型坝，但以中型坝为主，占本级别沟道建坝数量的比例较大，大型坝很少，且均作为生产坝利用。

建在Ⅲ级沟道的淤地坝一般形成独立的单元坝系，主要是大中型坝和骨干坝，除骨干坝和个别大型坝起防洪控制作用外，大型坝基本都作为生产坝加以利用。

建在Ⅳ级沟道上的坝库工程主要是支流拦洪坝、骨干坝及大型坝，是坝系的主要骨干坝系，是整个小流域坝系发展相对稳定性的关键控制因素。

2.1.3.2　典型小流域不同级别沟道淤地坝库容分布

不同级别沟道淤地坝的坝型和数量决定着坝系的库容分布，也决定着各级沟道的蓄洪拦沙能力，由于各级沟道数量、比降、土壤侵蚀形式有所差异，暴雨条件下汇集洪水和侵蚀泥沙的量有很大差异。因此，需要根据整个坝系安全和淤地生产需要而需对泥沙在各级沟道的拦蓄和分配进行合理调控。合理的坝型和数量配置，不但能保障小流域坝系的安全，而且可以为流域内生产效益的提高和环境的改善起到决定性作用。以榆林沟小流域淤地坝系为例，榆林沟小流域各级沟道淤地坝的库容分布情况如表 2-14 所示。

表 2-14　榆林沟小流域不同级别沟道库容分布

项目	单位	全流域	Ⅰ级	Ⅱ级	Ⅲ级	Ⅳ级	Ⅴ级
总库容	万 m^3	3 272.1	308.1	712.3	445.3	715.4	1 091
拦泥库容	万 m^3	2 737.3	289.1	610.4	405.7	592.4	839.7
已淤库容	万 m^3	2 296.8	246.8	489.9	379.4	516.5	664.2
总库容分布	%	100	9.4	21.8	13.6	21.9	33.3
剩余防洪库容	万 m^3	975.3	61.3	222.4	65.9	198.9	426.8
剩余淤积库容	万 m^3	440.5	24.3	120.5	26.3	75.9	175.5
剩余防洪分布	%	100	6.3	22.8	6.8	20.4	43.8
剩余拦泥分布	%	100	9.6	27.4	6	17.2	39.8

由表 2-14 可知，榆林沟小流域坝系中Ⅴ级沟道坝系，也即主沟坝系库容最大，两座骨干坝的总库容为 1 091 万 m^3，占坝系总库容的 33.3%，承担着整个坝系主要的防洪拦沙的控制性作用。Ⅰ级沟道建有 53 座中小型坝，但以小型坝为主，所以，总库容 308.1 万 m^3，仅占坝系总库容的 9.4%。Ⅱ级沟道和Ⅳ级沟道淤地坝总库容接近，均占坝系总库容的 21.8%左右，此两级沟道坝系配置较为合理，尤其是Ⅲ级沟道均形成完整的坝系单元，在整个小流域坝系对洪水和泥沙起着承上启下、上拦下保的作用。在榆林沟小流域坝系发展过程中，Ⅰ级沟道的小型坝自建成开始即以拦沙淤地为主，目前绝大部分成为生产坝，基本已不具备防御洪水的能力。Ⅲ级沟道坝地虽形成慢，但坝地形成伊始即开始进行生产，加之个别坝系单元布局不够合理，剩余总库容仅占坝系总库容的 6.8%，目前已存在水毁风险。

由表 2-15 可知,小河沟Ⅰ级沟道库容 174.1 万 m^3,仅占全流域总库容的 5.3%,已经全部淤满,失去防护能力。Ⅱ级沟道和Ⅲ级沟道总库容分别为 390.5 万 m^3 和 624.4 万 m^3,也只占全流域总库容的 11.9%和 19.0%,也已经大部分淤满,即将失去防洪能力。而Ⅳ级沟道虽然只有 3 座大型骨干坝,但总库容 2 096.6 万 m^3,占全流域总库容的 63.8%,对整个流域洪水泥沙起着总体控制作用。但由于Ⅲ级沟道和Ⅳ级沟道淤地坝的拦泥负担过重,防洪库容减小,已经对主沟道 3 个大型坝造成较大的防洪压力。

表 2-15　小河沟小流域不同级别沟道库容分布

项目	单位	全流域	Ⅰ级	Ⅱ级	Ⅲ级	Ⅳ级
总库容	万 m^3	3 285.5	174.1	390.5	624.4	2 096.6
拦泥库容	万 m^3	2 841.2	164.7	357.1	544	1 776
已淤库容	万 m^3	2 622.7	163.7	340.2	477.8	1 641
总库容分布	%	100	5.3	11.9	19.0	63.8
剩余防洪库容	万 m^3	662.8	10.4	50.3	146.6	455.6
剩余淤积库容	万 m^3	218.5	1	16.9	66.2	135
剩余防洪分布	%	100	1.3	7.6	22.1	68.7
剩余拦泥分布	%	100	0.5	7.7	30.3	61.8

由表 2-16 可知,韭园沟小流域坝系总库容为 2 808.9 万 m^3,拦泥库容为 2 200.7 万 m^3;已淤库容为 1 791.6 万 m^3;库容淤积率为 81.4 %;单位坝库面积总库容为 40.3 m^3/km^2;单位坝库面积拦泥库容 31.6 m^3/km^2;单位坝库面积已淤库容 25.7 m^3/km^2。从结构上来看,韭园沟小流域坝系库容主要集中在Ⅱ级沟道和Ⅲ级沟道上,两者总库容占全流域总库容的 72.4%,剩余防洪库容也较大,在很大程度上缓解下游骨干坝的防洪压力。

表 2-16　韭园沟小流域不同级别沟道库容分布

项目	单位	全流域	Ⅰ级	Ⅱ级	Ⅲ级	Ⅳ级
总库容	万 m^3	2 808.9	289.5	1 014.4	1 020	484.9
拦泥库容	万 m^3	2 200.7	276.2	685.9	848.7	389.9
已淤库容	万 m^3	1 791.6	237.1	608.7	6.9	305.9
总库容分布	%	100	10.3	36.1	36.3	17.3
剩余防洪库容	万 m^3	1 017.3	52.4	405.7	381	179
剩余淤积库容	万 m^3	409.1	39.1	77.2	209.7	84
剩余防洪分布	%	100	5.2	39.9	37.5	17.6
剩余拦泥分布	%	100	9.6	18.9	51.3	20.5

由 3 个小流域坝系库容在各级沟道的分布情况来看,榆林沟和小河沟小流域坝系库容主要集中在干沟和主沟道上为数不多的大型骨干坝中。而Ⅰ级沟道和Ⅱ级沟道总体库

容占总坝系库容的比重过小，其上分布的中小型淤地坝很容易淤满而失去防洪拦泥能力，从而对下游骨干坝造成较大压力。尤其是小河沟，总库容的63.3%集中在主沟道上的3个大型骨干坝上，这种布局方式的后果是主沟道集拦泥、防洪于一身，虽然有利于加速改变主沟道地形地貌，减小主沟道侵蚀产沙，但同时会加速降低防洪能力，缩短其运行寿命。

相对于榆林沟和小河沟小流域来说，韭园沟小流域坝系库容在不同级别沟道的分布就相对比较合理，Ⅱ级沟道和Ⅲ级沟道库容占流域总库容的73.1%。中小型淤地坝密度大，除Ⅰ级沟道上能够很快淤满成地，投入生产外，Ⅱ级沟道、Ⅲ级沟道上的众多的淤地坝可以拦蓄上游多余的洪水泥沙，在加速淤地的同时保护下游大型骨干坝，避免出现安全问题。

2.1.3.3 典型小流域坝系工程特征分布

榆林沟、小河沟、韭园沟3个典型小流域的集水面积分别为65.6 km^2、63.3 km^{2}和70.7 km^2，坝系控制面积分别为65 km^2、59.9 km^{2}和69.7 km^2，面积控制率分别为99.1%、94.6%和98.6%。其中，Ⅰ级沟道的面积控制率为29.4%、9.0%和49%；Ⅱ级沟道的面积控制率为66%、47.2%和66.7%；Ⅲ级沟道的面积控制率为57.5%、50%和97.4%；Ⅳ级沟道的面积控制率为90.7%、96.1%和98.6%；从面积控制率可以看出坝系对各级沟道的控制情况。Ⅲ级沟道、Ⅳ级沟道主要由骨干坝和大型坝控制沟道下游，使绝大部分沟道得以控制。Ⅰ级沟道、Ⅱ级沟道由于沟道数量多，坝库分布相对少，故而控制率低，级别越高，面积控制率越高。从坝系沟道控制来看，高级沟道全部控制，低级沟道随沟道级别降低，控制率减少，Ⅰ级沟道控制最少。

由表2-17~表2-19可知，榆林沟、小河沟和韭园沟3个典型小流域坝系平均坝高分别为13.5 m、16.3 m和11.2 m。其中，榆林沟和小河沟拦洪坝坝高分别为37 m、41.3 m，韭园沟未建拦洪坝；骨干坝坝高分别为29 m、35 m和22.5 m；大型坝坝高分别为22 m、29.8 m和24.8 m；中型坝坝高分别为18.6 m、18 m和15.1 m；小型坝坝高分别为9.3 m、8.6 m和8.5 m。

表2-17 典型小流域坝系不同坝型控制面积对比

沟道	单位	平均单坝控制面积	拦洪坝控制面积	骨干坝控制面积	大型坝控制面积	中型坝控制面积	小型坝控制面积
榆林沟	km^2	1.45	64.8	4.86	3.4	0.75	0.25
小河沟	km^2	1.27	22.68	3.79	2.66	0.75	0.65
韭园沟	km^2	0.72	0	4.71	1	0.92	0.25

表2-18 典型小流域坝系沟道分级控制特征对比

沟道	单位	流域面积	坝系总控面积	Ⅰ级坝控面积	Ⅱ级坝控面积	Ⅲ级坝控面积	Ⅳ级坝控面积	Ⅴ级坝控面积
榆林沟	km^2	65.6	65	13.5	24.2	28.68	56.8	65
小河沟	km^2	63.6	59.9	4.4	16.5	27.3	59.9	0
韭园沟	km^2	70.7	69.7	23.9	29	50.8	69.7	0

表 2-19 典型小流域坝系坝高特征对比

沟道	单位	平均坝高	拦洪坝平均高	骨干坝平均高	大型坝平均高	中型坝平均高	小型坝平均高
榆林沟	m	13.5	37	29	22	18.6	9.3
小河沟	m	16.3	41.3	35	29.6	18	8.6
韭园沟	m	11.2	0	25.5	24.8	15.1	8.5

从典型小流域坝系分级坝高分布看,小河沟坝系平均坝高及大型坝库的平均坝高均为最高,是一个高规格坝系,布坝密度虽然小,但结构紧凑、布局合理,用少数几座关键性高坝解决了问题。相对而言,榆林沟和韭园沟则存在坝高不够、工程规模偏小问题,要彻底控制泥沙和洪水,就需要建造更多数量的淤地坝,由此也可以看出,不同的坝系布局模式通过单坝之间、坝系单元之间的不同级联方式,起到不同的洪水和泥沙的调控效果,同时反映了不同的坝系建设理念和方向。

2.2 小流域淤地坝坝系级联拦沙能力研究

2.2.1 典型小流域坝系单元拦沙关系分析

在小流域坝系的初建规划时,根据沟道级别和地貌特征,因地制宜布设相应的坝型和密度。而在坝系的发育过程中,通过不断的调整和完善,最终在坝系中形成不同的坝系单元。各坝系单元主要分布在处于流域沟道水系的中间级别,因此,其位置也一般处于洪水泥沙产生、输移的中间通道上,起着上拦下控、承上启下的作用。相互之间的关系也表现出不同级别之间的联合互补、协调运行,共同对洪水泥沙起到合理拦蓄和调控的作用。表 2-20~表 2-22 分别列出榆林沟、小河沟和韭园沟小流域坝系中各坝系单元运行多年后拦蓄泥沙量的现状情况。

表 2-20 榆林沟小流域各坝系单元拦沙现状

坝系单元	坝间面积 (km^2)	总库容 (万 m^3)	已拦泥 (万 m^3)	剩余库容 (万 m^3)	已淤面积 (hm^2)	单位面积拦泥量 (m^3/km^2)
刘渠	13.73	613.5	380.6	232.9	60.49	27.7
姜兴庄	11.2	168.9	125.7	43.2	19.7	11.2
马蹄洼	3.36	199.1	161.5	37.6	20.1	48.1
冯渠	14.38	520.1	450.49	69.61	54.25	31.3
姬家寨	4.47	123.7	120	3.7	12.5	26.8
马家沟	6.8	298.2	174.3	123.9	21	25.6
陈家沟	6.61	203.7	174.1	29.6	24	26.3
主沟	8.1	1142.6	711.5	431.1	43.9	87.8

表 2-21　小河沟小流域各坝系单元拦沙现状

坝系单元	坝间面积（km^2）	总库容（万 m^3）	已拦泥（万 m^3）	剩余库容（万 m^3）	已淤面积（hm^2）	单位面积拦泥量（m^3/km^2）
朱阳湾	4.5	112.3	97.2	15.1	3.2	21.6
蒋新庄	1.98	178.5	108.2	70.3	1.02	54.6
瓜泽湾	5.28	23.5	16.1	7.4	4.56	3.0
碌出沟	3.97	246.2	211.6	34.6	3.8	53.3
吴家山	2.46	127	105.6	21.4	1.1	42.9
陈渠	2.08	68.7	57.1	11.6	1.4	27.5
屈家园子	6.4	99	91.8	7.2	4.6	14.3
老庄沟	3.95	115.7	105.1	10.6	2.2	26.6
主沟	21.3	2 315.2	1 830.2	485	38.6	85.9

由表 2-20 可以看出，榆林沟小流域各坝系单元中，刘渠干沟、冯渠干沟和主沟 3 个坝系单元坝间控制面积较大，拦蓄泥沙的量也较大。但计算的单位面积拦沙量中，主沟坝系最大，达 87.8 m^3/km^2，这是由于主沟坝系以大型骨干坝为主，总库容最大，为 1 142.6 m^3，上游坝系单元拦蓄能力之外下泄的泥沙均沉积于主沟坝系，所以，主沟坝系作为整个小流域坝系的控制性单元，起到很好的安全保障作用。在处于流域上中游的坝系单元中，以刘渠干沟坝系中的马蹄洼坝系单元的单位面积拦沙量为最大，远大于坝系上游的姜兴庄坝系单元，这是由于马蹄洼坝系位于刘渠干沟坝系中部，对上游下泄洪水泥沙进行了补充拦蓄，从而使得单元内拦沙量要大于单元内部侵蚀产沙的量。而冯渠干沟坝系中的姬家寨、马家沟和陈家沟坝系单元均位于冯渠干沟两侧，相互之间属于并联关系，不存在上下游间的泥沙传递关系，因此，其单位面积拦沙量比较接近，在 26.0 m^3/km^2 左右。

小河沟和韭园沟小流域坝系内各坝系单元均位于流域Ⅳ级主沟道两侧的Ⅲ级沟道内，相邻坝系单元之间均属并联关系，相互之间没有洪水泥沙的传递关系。各坝系单元的单位面积拦沙量的变化主要与各坝系单元的面积和坝型的配置有关。

2.2.2　榆林沟小流域坝系运行的蓄洪拦沙级联调控作用评价

2.2.2.1　坝系空间布局与蓄洪拦沙的级联调控关系

一个小流域坝系包含的若干个坝系单元在总坝系的群体联防中，独当一面，镇守一方，同时，子坝系内的防洪、生产、淤地功能分工负责，有机结合，对下游坝系有控制性地下泄（泄水洞下泄清水或含细沙的洪水），或下排（溢洪道排洪），保证干沟坝系的生产安全。

表 2-22　韭园沟小流域各坝系单元拦沙现状

坝系单元	坝间面积（km^2）	总库容（万 m^3）	已淤库容（万 m^3）	剩余库容（万 m^3）	已淤面积（hm^2）	单位面积拦泥量（m^3/km^2）
主沟坝系	18.6	1 093.89	519.43	469	88.54	27.9
王家沟	3.49	83.8	23.02	50.78	6.93	6.6
马家沟	3.05	58.99	24.5	4.49	5.86	8.0
水堰沟	1.12	35.38	16.9	18.48	3.64	15.1
下桥沟	1.62	38	31.2	6.8	4.81	19.3
马连沟	2.71	194.8	120.4	74.4	15.23	44.4
何家沟	1.83	67.9	26.2	41.7	6.16	14.3
想她沟	1.92	89.83	69.8	20.03	6.25	36.4
高舍沟	4.39	324.56	209.2	115.36	22.3	47.7
西雁沟	6.4	147.58	125.9	121.68	16.41	19.7
折家沟	1.63	93.6	63.8	29.8	9.06	39.1
李家寨	6.42	285.4	165.7	119.7	23.62	25.8
王茂沟	5.8	328.6	197.4	131.2	29.29	34.0
林家硷	12.91	631.66	413.6	218.06	44.36	32.0
柳树沟	3.08	301.7	139.3	162	11.4	45.2

根据前文统计分析结果，榆林沟小流域坝系中的小型坝主要分布在Ⅰ、Ⅱ级沟道，其中Ⅰ级沟道布设46座小型坝，占小型坝总数的66.7%；Ⅱ级沟道布设小型坝22座，占总数31.8%。Ⅰ、Ⅱ级沟道沟道上布设的小型坝主要功能是拦泥淤地，一般都采用无泄水设施的闷葫芦坝，防洪标准为20年一遇，坝高平均9.3 m，对控制区域内的洪水和泥沙全拦全蓄，所以，淤地很快，并与沟道内谷坊、燕窝配合，很快形成沟道川台地，用于发展生产。从分布现状来看，榆林沟小流域Ⅰ级沟道只有38条沟道布坝，布坝率13.7%，今后新建小型坝的潜力还很大，目前由于小型坝只作为坝系建设的补充，设计标准偏低，造成水毁现象比较严重，资料显示，小型坝先后垮坝14座，占垮坝总数的48.3%，保存率为51.7%。

中型坝主要布设在Ⅱ、Ⅲ级沟道上，占该小流域中型坝总数的74.2%，其中Ⅱ级沟道有中型坝20座，Ⅲ级沟道有中型坝3座。其功能主要是拦截较大的洪水和泥沙，一般是50年一遇洪水标准，对小型坝起控制作用，控制面积一般小于2 km^2，64.5%的工程结构缺乏配套工程，所以淤积成地较快，是生产坝的主要组成部分。从分布来看，中型坝在Ⅱ级沟道的建坝率较高，占中型坝总数的64.5%，说明对Ⅱ级沟道的控制很好，在Ⅲ级以上沟道内建设中型坝，主要是为了增加生产用地，基本不起控制作用。由于中型坝工程结构不配套和设计标准过低，水毁最为严重，坝系建设以来，中型坝先后水毁垮坝15座，水毁率高于大型坝和小型坝。

大型坝主要分布在坝系单元的沟口、干沟的沟段和主沟沟口。作用是控制大洪水(100~200年一遇)、泥沙，是以拦洪拦沙为目的，直接在坝系中起到上拦下保的作用。是构成流域坝系结构框架的核心，大型坝的库容占流域总库容的80%，对洪水泥沙起到调蓄和合理分配的作用，同时大型坝由于淤地面积大，水资源环境好，成为山区高产、高效、优质的农业生产基地。大型坝工程结构配套完善，设计标准高，在30多年的运行期没有出现垮坝现象。

榆林沟小流域坝系单元都在Ⅲ级沟道内形成，也就是说Ⅲ级沟道具备比较合理的布坝结构，自然形成一个坝系单元。根据榆林沟坝系现状分析，坝系由1个主沟坝系、2个干沟坝系单元(高渠干沟和刘渠干沟坝系单元)、5个子坝系(陈家沟、马家沟、姬家寨、马蹄洼、姜兴庄坝系单元)组成，坝系单元的控制范围也恰好符合Ⅲ级沟道特征，坝系控制面积3~10 km^2，正好符合骨干工程的建设条件。其防洪能力为治沟骨干工程的防洪标准，坝系单元控制内的支毛沟，由于面积小，沟道比降大，Ⅰ级沟道平均面积0.165 km^2，Ⅱ级沟道平均面积0.816 km^2，Ⅰ级沟道平均比降10.78%，Ⅱ级沟道平均比降4.8%，只适用于建设中小型坝，对于已经淤满的小型坝，其上游宜修建谷坊、燕窝等使沟道川台化，沟道较长的毛沟可分级建设中小型淤地坝，使沟道川台化，姬家寨和马家沟坝系单元属于此类典型建设模式。

由表2-23可知，榆林沟小流域可淤地面积为313.5 hm^2，目前已淤面积267.7 hm^2，利用面积200.6 hm^2，现状利用率74.9%。各级沟道淤积率分别为：Ⅰ级沟道83.6%，Ⅱ级沟道81.7%，Ⅲ级沟道92.4%，Ⅳ级沟道84.3%，Ⅴ级沟道仅榆林沟为89.7%。

表2-23　榆林沟小流域不同级别沟道坝地淤积及利用分布

级别	可淤面积(hm^2)	已淤面积(hm^2)	利用面积(hm^2)	淤积率(%)	利用率(%)
Ⅰ级	51.7	43.2	42.8	83.6	99.1
Ⅱ级	101.1	82.6	47.7	81.7	57.7
Ⅲ级	51.2	47.3	41.5	92.4	87.7
Ⅳ级	66.8	56.3	33.7	84.3	59.9
Ⅴ级	42.7	38.3	14.9	89.7	38.9
合计	313.5	267.7	200.6	85.4	74.9

从统计分析结果来看，榆林沟坝系淤地面积主要分布于Ⅱ级和Ⅳ级沟道上，说明这两级沟道坝库淤积泥沙较快，淤地发展利用也较快。Ⅰ、Ⅲ级沟道淤积坝地面积虽然相对较小，但坝地利用率很高，Ⅰ级沟道坝地全部用于生产，已不具备蓄洪拦沙能力，Ⅲ级沟道虽然作为坝系单元在整个坝系中承担着拦截上游来水来沙，并减轻下游大坝滞洪拦沙压力的任务，但由于坝地形成早，过早被用于生产，利用率高达87.7%，因此作为坝系单元，“独当一面、镇守一方”的作用被严重削弱，亟待进行坝系单元的结构和利用方向的调整。

根据上述几个原则,榆林沟坝系可以划分成 1 条主沟、2 条干沟,2 条干沟再分为上游、中游和下游 3 段,加上Ⅲ级沟道 5 个坝系单元,则全流域坝系共划分为 12 个分段控制的单元结构,即 12 个坝系单元,而控制性工程则由 12 个大型骨干坝承担。

从表 2-24 中可以看出,单元控制结构评价区间控制面积为 5.4 km^2,最大为 8.0 km^2,最小为 3.05 km^2,总体分布均衡。其中,坝系单元完全可以采用治沟骨干工程标准进行布局,干沟和主沟可以采用两种模式:一种完全按照骨干工程的布局思想,用统一的防洪标准,采用区间控制的方法,实现区间控制,洪水和泥沙采用统一调度,分别拦蓄。另一种方式可以采用拦洪坝的方式,进行轮流拦沙、蓄洪和种植。以榆林沟 3 号坝的运行方式为例,当拦泥淤地达到一定面积后,开始种植生产,再将上游坝逐级加高加固成一定洪水标准的拦洪坝,利用水沙资源,达到快速实现相对稳定的目的。

表 2-24 榆林沟小流域坝系框架布局特征

大型坝	控制面积(km^2)	坝高(m)	总库容(万 m^3)	剩余防洪库容(km^2)	可淤面积(km^2)	已淤面积(km^2)
马家沟大坝	6.8	25.4	73.6	7.6	64.7	64.7
姬家寨大坝	4.47	16.1	51.2	0	121	121
陈家沟大坝	6.61	22.5	8.3	13	137	137
姜兴庄大坝	7.44	26.5	150.9	0	150	150
龙苗沟大坝	3.36	27.9	128	28	174	156
高硷 1 号大坝	4.97	26	95	13	123	123
高硷 2 号大坝	5.15	21.8	60	14	90	90
冯渠大坝	4.26	24.5	131.6	10	150	150
安沟大坝	5.86	14	65	40	67	52.5
李谢硷大坝	3.05	20.8	57	22.5	82	14.6
刘渠大坝	4.82	29	168	93.1	275.5	150
榆林沟 3 号坝	8	37	1 071	250	595	529
合计	64.79		1 983.6		1 879.2	1 647.8
平均	5.4	22.1	165.3		156.6	137.3

两种方法对水沙资源的利用方式不同,前一种利用分散,但利于尽早投入生产,安全性更高,但实现相对平衡比较慢。后一种方式对洪水和泥沙的拦截率都高,但淹没损失较大,生产利用率偏低,且安全性较差。结合当地人口、经济和政策条件来看,前一种方式更符合现实。后一种在坝系管理和运行上存在很大的难度,实现的可操作性也比较差。

榆林沟小流域坝系建设具有速度快、受益早、效益高等特点,坝系空间布局上大、中、小相结合,体现了不同坝型互为补充、联防联治的作用,做到了分工负责、有机配合,坝系整体防洪安全、有效拦泥淤地,保障了稳产高产,充分发挥了坝系的总体功能。

一个坝系从初建到发育成熟,关键是要建设一个坝系的骨干框架。在若干个大、中、小型坝库组合而成的坝系中,起骨干控制作用的通常是大型淤地坝等骨干工程,为发挥骨干坝及坝系单元的级联调控作用,其布局应遵循以下几个原则:

面积均衡性原则:即单坝区间控制面积是基本均衡的,骨干坝一般控制 3~7 km^2,中型坝一般控制 1~3 km^2,小型坝一般控制 0.5~1.0 km^2。

单元控制原则:在对小流域坝系布局进行分析时,可以将坝系划分成若干个彼此独立但又相互联系的控制单元,也就是坝系单元,通过洪水和泥沙的协调控制,起到群防群治的作用。

节节控制原则:从流域最低一级沟道开始,逐级分段按洪水标准进行控制。

中小型坝生产,大型坝控制拦泥原则:根据以上原则,可以在现状坝系结构的基础上,确定坝系到达成熟期的骨干控制框架,对现状不合理的坝系结构进行调整和补充,在此基础上合理安排发现中小型坝,坝系中形成由各个骨干工程分段控制的既相互联系又相对独立的单元结构,把流域内的全部洪水和泥沙有计划且均衡地拦蓄在若干个控制单元结构内,达到分洪分拦的目的。并且,可以在坝系发展过程中因时制宜、因地制宜,在不同阶段采取不同的坝系结构调整,从而对洪水泥沙在坝系内不同单元、不同沟道、不同位置的有计划及有目的的调控。

榆林沟小流域干沟平均比降为 1.3%,属Ⅳ级沟道,沟道长,干沟长 8.03 km,故在干沟上修建大型坝的条件比较适宜,从拦蓄水沙角度看,干沟主要消化高标准的洪水(200 年一遇),流域内水沙主要沉积在干沟坝系单元内。坝体加高后拦蓄泥沙和生产种植潜力都很大,是小流域坝系实现相对平衡的关键部位。

根据以上分析,可以解构坝系单元之间的关系:主沟控制干沟,干沟控制坝系单元,100 年一遇洪水坝系单元拦蓄粗泥沙,细沙由泄水设施排到干沟。对大于 100 年一遇的洪水,坝系单元将超标洪水通过溢洪道排到下游,由干沟坝系单元控制;200 年一遇洪水由干沟坝系拦蓄,干沟内部实行轮蓄轮种,淤地和生产相结合,发展和提高相结合,使单坝的防洪和生产交替进行、协同发展。对于大于 200 年一遇的洪水,干沟可以通过溢洪道排到主沟,所以,主沟的大型坝要求防洪标准高,库容大,可以将上游不能拦蓄的洪水全部拦蓄。同时,主沟坝库工程库容大,拦蓄洪水量较大,沟内长年流水,是发展灌溉的主要位置,所以主沟坝系是小流域实现相对稳定的关键所在,小流域坝系能否实现相对稳定,主要取决于主沟、灌溉和坝系单元沟口的大型控制性大坝的发育和成熟度。因此,一个小流域坝系建设成败与否,主要看主沟、干沟坝系骨架的搭配是否合理,这个骨架就是坝系总体布局。

榆林沟小流域各坝系单元间的关系简化为:干沟支沟协同共济,蓄水灌溉结合。干沟一般有较大长流水,可修建水库、塘坝蓄水,灌溉支沟坝地;支沟有泉水或拦蓄的洪水,泥沙沉积后,清水灌溉下游坝地。

2.2.2.2　坝系现状防洪能力分析

根据水文计算公式求出设计暴雨和设计洪水总量后,以本坝控制集水区不同频率下的洪水总量与现有实际剩余库容对比,取接近且小于库容值的洪水总量值,该值相应的频率即为该坝可抵御洪水的最大频率。

1. 洪水总量计算

采用《水土保持治沟骨干工程技术规范》(SL 289—2003)中推荐公式:

$$W_P = 0.1\alpha H_{24}F \quad (2\text{-}1)$$

式中:W_P 为设计洪水总量,万 m^3;α 为洪量径流系数;H_{24} 为频率为 P 的流域中心点的 24 h 暴雨量,mm;F 为流域面积,km^2。

计算得出不同洪水重现期的洪水总量如表 2-25 所示。

表 2-25　不同重现期洪水模数

重现期(年)	10	20	30	50	100	200	300	500
年洪水模数[万 $m^3/(km^2 \cdot a)$]	2.21	3.31	3.39	4.77	5.81	6.87	7.65	8.85

2. 洪峰流量计算

采用《水土保持治沟骨干工程技术规范》(SL 289—2003)中推荐的小汇水面积相关法计算:

$$Q_w = C_P F^n \quad (2\text{-}2)$$

式中:Q_w 为重现期为 N 的洪峰流量,m^3/s;C_P 为频率为 P 的地理参数,取值见表 2-26;F 为流域面积,km^2。

表 2-26　不同频率下地理参数

设计频率(%)	10	5	2	1	0.5
地理参数(C_P)	23.9	32.5	51.5	61.8	75.1

榆林沟小流域坝系整体防洪能力,从剩余库容 975.28 万 m^3,防洪能力还比较大,可保证洪水泥沙不出沟。从榆林沟 3 号分析,能够在 500 年一遇暴雨情况下,保证坝体安全。但各坝系单元或各类单坝防洪能力差异较大,详见表 2-27;例如大型坝中能抵御 200 年一遇洪水的有 6 座,占大型坝总数的 37.5%,能抵御 100~200 年一遇洪水的有 2 座,占大型坝总数 12.5%,能满足 50 年一遇防洪能力的有 4 座,占大型坝总数的 25%,另外 4 座在 50 年一遇暴雨下就可能水毁甚至垮坝。中型坝中,13 座能满足大于或等于 100 年一遇防洪要求,占总坝数 41.9%,坝体局部破坏,丧失防洪拦泥能力或者已淤满,已不具备拦泥淤地功能,有 18 座还有部分防洪能力;小型坝仅有 6 座具备抵御 50 年一遇防洪能力,剩余小型坝均已淤满,完全丧失拦蓄功能,部分淤地坝坝体局部被冲毁,成为病险坝。

总体来看,榆林沟小流域坝系整体防洪能力较差,随着坝地生产利用的开始,防洪结构越来越不合理,整体防洪能力在 50 年一遇以下时,结构还不乱,说明坝系整体防洪能力也只是 50 年一遇,特别是主沟防洪能力根本不符合坝系结构的要求,为此需要对坝系结构进行防洪调整,分期加高库容丧失严重的大坝,加固病险坝,并修建完善配套卧管、溢洪道等排泄洪水设施。

表 2-27　榆林沟小流域坝系满足不同重现期防洪能力的淤地坝数量统计　（单位:座）

项目		200 年一遇	100 年一遇	50 年一遇	<50 年一遇	合计
坝型	大型坝	6	2	4	4	16
	中型坝	10	3	4	14	31
	小型坝	6			63	69
	合计	22	5	8	81	116
坝系单元	主沟坝系	1	2		6	9
	高渠干沟	2		1	24	27
	刘渠干沟	3			6	9
	陈家沟	1			9	10
	马家沟	4	1	1	2	8
	姬家寨	3		2	7	12
	李谢硷	7	1	3	20	31
	马蹄洼	1	1	1	7	10
	总计	22	5	8	81	116

2.2.2.3　坝系对洪水的级联拦蓄作用评价

榆林沟坝系采用节节拦蓄、协调排洪的原则,对坝系内洪水统一调度,计划拦排,通过合理拦蓄洪水促进及时适量排泄多余洪水,进而减轻拦蓄的负担。首先,标准低的洪水主要通过众多小型坝拦蓄,对整个坝系生产影响不大。50 年一遇以上标准的洪水除坝系单元要求大部分截留拦蓄外,干沟坝系只需计划排洪,即由溢洪道排入榆林沟 3 号坝,但目前来看,榆林沟 3 号坝还需要水沙资源进行灌溉和淤积成地,有蓄滞洪水的能力。当前剩余库容 250 万 m^3,仅占原有库容的 24.2%,但是却占坝系骨干坝总剩余库容 49.6%,对整个坝系来说,蓄滞洪水的潜力已很小,几次大的洪水就可能完全淤满,防洪只能靠上游坝系来完成。刘渠干沟由于有骨干坝支撑,防洪可以维持一段时期,上中游 3 座大坝适当加高增加库容,也能够正常生产运行。冯渠干沟坝系大型坝淤满率很高,剩余库容不足,拦蓄洪水能力很差,而且当前坝地基本全部处于生产利用阶段,垦殖率很高,洪水泥沙已从资源利用成为安全威胁。因此,需对支沟各坝系单元的控制性大坝进行加固配套,提升其拦蓄洪水和淤积泥沙的能力,以确保下游大坝的安全。

坝系框架结构建成后,框架内中小型坝库的合理配置也是坝系布局合理性与否的重要判断指标。在此,主要针对中小型坝拦蓄洪水泥沙的特点来分析大概率低标准洪水及泥沙在框架控制坝系内的消化机制及其结构配置。

榆林沟小流域内Ⅰ~Ⅴ级沟道数量比例为 278∶45∶6∶2∶1,流域内大、中、小型坝数量配置关系为 1∶2∶4.3,面积控制比为 2.5∶1.6∶1。只需对现有坝系适当加固配套即可实现洪水、泥沙的内部消化,无须新建坝库,个别Ⅰ级沟道可以新建小型坝,快速淤地,新增坝地以实现农业增收,且不会对坝系结构的发展造成大的影响。

对于坝系中的中型坝，只要加固配套成 100 年一遇的防洪标准，或将中型坝加固成骨干坝即可。坝系内个别小型坝可以加固成中型坝，协调低标准洪水和泥沙的就地拦蓄和消化，统筹防洪和生产，使单元结构配置更趋合理。

根据对榆林沟小流域坝系防洪能力的分析结果，结合坝系利用情况，可通过调整坝系骨干框架的 12 座大坝的洪水排泄方式及分期加高各坝来提高坝系的蓄洪拦沙级联调控作用：

第一期加高加固安排。对于冯渠干沟坝系来说，由于干沟的 4 座大坝均已淤满，淤地面积大，生产利用多年，对上游坝的要求是洪水泥沙都不要，以确保生产安全。这就要求马家沟大坝、姬家寨大坝和陈家沟大坝要控制上游来的洪水和泥沙，马家沟暂时可以满足要求，姬家寨大坝和陈家沟大坝均已淤满，也就是这 2 座大坝首先要加高，而且以大库容换溢洪道，即洪水通过滞洪，将泥沙全拦，清水通过泄水洞的方式下泄。所以，2 座大坝列为第一期加高加固的工程。姜兴庄大坝从坝系结构和发展需要分析，该坝需尽快补修，恢复拦泥、防洪能力，减轻洪水对下游坝系的压力，起到分段控制的目的。此外，还应完成榆林沟主沟和刘渠干沟 2 个坝系内中小型坝的加高加固配套工程的建设。本期中、小型坝的高加固配套工程的建设，确保支沟坝系能够拦蓄沟上方的洪水和泥沙，保证主、干沟的防洪、生产的安全运行。第一期加高加固后控制面积达 18.52 km^2，可满足 200~300 年一遇洪水防洪需求。

第二期加高加固安排。高硷 1 号大坝目前抗洪能力很小，拦沙采用逐年在溢洪道上建围堰，先淤后围的办法可以满足控制区间的洪水控制要求。李谢硷大坝由于上游有姜兴庄大坝的保护，下游刘渠大坝库容比较大，目前可发展生产，洪水泥沙以溢洪道排泄为主，下游坝淤满后再加高。马家沟大坝通过几年淤积也需要加高，因此，以上 3 座大坝列为第二期加高工程，同时要加高主沟及刘渠坝和高硷 2 号坝控制面积内的中小型坝。本期加高加固后可以控制 14.87 km^2，体现干沟的轮蓄轮种。

第三期加高加固安排。冯渠 1 号坝，由于下游榆林沟 3 号坝基本淤满，等其淤满后，根据轮蓄轮种原则，要求冯渠 1 号坝继续加高，而且泥沙全拦，清水从泄水洞排泄，以确保榆林沟 3 号坝安全生产 20~30 年。安沟 3 号大坝，由于上游有姜兴庄大坝的保护，目前主要是发展生产，洪水和泥沙以溢洪道排泄为主，下游坝淤满后再加高。龙庙沟大坝目前仍有一定防洪能力，洪水泥沙暂时全拦，淤满后可生产一段时间，所以以上 3 座大坝目前主要是生产。本期加高后可控制 13.22 km^2，同时需加高姬家寨、陈家沟、姜兴庄坝系内的中小型坝，本期加高仍以体现拦蓄轮种为主要目标。

第四期加高安排。榆林沟 3 号坝，目前接近淤满，但仍有一定防洪能力，近期淤满后，在溢洪道打围堰，使淤泥面高出溢洪道，洪水从排洪渠排放，可发展生产 30~50 年后再加高。刘渠大坝目前仍有一定防洪能力，洪水泥沙可以全拦，淤满后可生产 20~30 年。高硷 2 号大坝由于上游坝系可在第一期加高加固，因此，可以在不加高的情况下继续生产。同时，要对马家沟坝系内的中小型坝和高硷 1 号、李谢硷大坝控制面积内的中小型坝进行加高加固。本期加高加固体现坝系整体的水沙调运，以集中拦泥快速成地，及早投入生产为目的，加高后控制面积 18.92 km^2。

榆林沟小流域坝系加高加固配套工程实施计划安排见表 2-28。

表 2-28　榆林沟小流域坝系加高加固时序安排计划

时序安排	坝名	区间面积（km^2）	坝高（m）		总库容（万 m^3）	新增库容（万 m^3）			新增淤地面积（hm^2）
			总坝高	新增坝高		总	拦泥	防洪	
第一期	姬家寨	4.5	27.4	11.3	152.9	101.7	79.5	22.2	10.0
	陈家沟	6.6	37.2	14.7	233.5	150.3	117.5	32.8	11.3
	姜兴庄	7.4	32.4	16.4	320.1	169.2	132.3	36.9	11.0
	小计	18.5	97.0	42.4	706.5	421.2	329.3	91.9	32.3
第二期	马家沟	6.8	49.4	24.0	228.2	154.6	120.9	33.7	8.7
	高硷 1 号	5.0	18.8	12.0	208.4	113.4	88.4	24.7	10.0
	李谢硷	3.1	27.0	6.2	126.3	69.3	54.2	15.1	7.6
	小计	14.9	95.2	42.2	562.9	337.3	263.5	73.5	26.3
第三期	冯渠 1 号	4.3	25.5	9.5	228.4	96.8	75.7	21.1	11.7
	安沟 3 号	5.6	35.1	21.1	198.3	133.3	104.2	29.1	8.0
	龙庙沟	3.4	34.0	6.1	204.4	76.4	59.7	16.7	13.3
	小计	13.2	94.6	36.7	631.1	306.5	239.6	66.9	33.0
第四期	高硷 2 号	5.2	36.3	16.7	177.2	117.2	91.6	25.6	8.0
	刘渠	5.8	35.8	6.8	299.2	131.2	102.6	28.0	20.0
	榆林沟 3 号	8.0	41.5	4.5	1 252.9	181.9	142.2	39.7	43.4
	小计	18.9	113.6	28.0	1 729.3	430.3	336.4	93.3	71.4

综上所述，发育期坝系加高加固配套安排顺序总的趋势是：首先加高加固大支沟沟口大坝，以Ⅱ级沟道为主，以支沟保护干沟，达到上游拦泥下游生产，上游蓄水，下游灌溉，这样大支沟的拦蓄不仅发挥排的作用，而且保证主沟、干沟大面积的生产；大支沟的排不仅能减轻拦的负担，同时提高了水资源的利用，促进了干沟生产效益。

由于坝系建设从发育期到成熟期，主要是干沟坝系的结构和控制关系由轮换交替到固定和成熟的发展过程，所以，榆林沟小流域坝系从发育期到成熟期的规划任务主要是在干沟，即完成干沟的分级分层坝系的再加高和确定成熟期的坝系结构问题。

根据沟道地形和坝系形成的格局，为最好发挥坝系对洪水泥沙的级联调控作用，在分析流域汇水关系的基础上，可以确定如下坝系布局结构：

主沟由榆林沟 3 号坝直接控制。高渠干沟坝系主要由冯渠 1 号坝、高硷 1 号坝、高硷 2 号坝共 3 座大坝分别区间控制，构成今后干沟坝系发展的阶梯。刘渠干沟坝系由刘渠骨干坝、李谢硷大坝和安沟 1 号大坝，分别区间控制形成沟道坝系阶梯。5 个坝系单元中，马家沟坝系单元由马家沟 1 号坝控制，百庙沟坝形成阶梯坝。姬家寨坝系单元由姬家寨大坝直接控制。陈家沟坝系单元由姜兴庄大坝和小峁沟大坝梯级控制。姜兴庄坝系由姜兴庄大坝和小峁沟大坝梯级控制。马蹄洼坝系单元，由庙沟大坝和高塔沟 5 号坝构成梯级控制。

2.2.2.4 坝系运行效果及存在的问题

榆林沟小流域坝系运行 40 多年,取得很大成绩,产生了明显的经济效益、生态效益和社会效益。但是,由于缺乏严格的坝系工程管理运行机制,加上长期盲目的坝系运行,尤其近期内坝系工程的严重淤积,没有及时做出相应调整,造成在运行中存在不安全隐患,通过分析坝系现状调查资料,发现目前坝系运行中主要存在以下几个方面:现有的大中型淤地坝多数接近淤满,导致剩余库容满足不了滞洪要求,更失去了持续拦泥淤地能力,使小流域坝系在总体上起不到安全防洪作用。多数小型淤地坝已经淤满,或者局部水毁成为病险坝,造成坝系不能构成一个合理的防洪、淤地、生产的体系。

以上问题的出现主要与榆林沟小流域坝系建设初期强调快速成地的建坝和运行管理思路有关。虽然建坝数量多,但单坝淤地面积小,水沙分散利用,坝地淤积形成就开始利用,一旦利用就不再拦洪拦沙,而通过挖渠排洪来提高生产效益,如冯渠 2 号坝,不注重坝系本身发展,属于严重短期行为,生产运行方式是"童工"式的使用方式,正是此种方式,导致坝系建设的严重滞后,本来处于发育初期的坝系得不到正常良好发展,严重影响坝系建设的长远发展理念。

由此可见,坝系运行方式的改变是小流域坝系建设发展的重点,必须通过坝系结构调整,改变运行方式,以牺牲局部短期生产效益来换取长远的和永久的全局巨大效益。如何正确处理拦泥、防洪、生产之间的矛盾,是今后坝系建设发展的重点,也是坝系结构布局必须解决的重大问题。

2.3 小流域单元坝系蓄洪级联效应

2.3.1 坝系运算关系解析

一座坝的上游可能有多条支沟(或流段),也就可能有多个相邻的上游坝,位于上游的坝可能更多。将相邻的上游坝挑选出来,是坝系调洪演算的前提,此外,相邻上游坝的识别在建坝顺序的优化中也要用到。

2.3.1.1 标识符与序号

可采用英文字母来标识坝址所在的沟道。最上游的支流(或流段)用一个字母表示,较下游的支沟(或流段)用两个字母表示,更下游的支流或流段都用两个字母中间再加一个"-"符号表示。下游坝址的标识符必须包含所有上游坝的标识符(见图 2-8),"-"代表最上游坝址的标识符至本坝址的标识符之间的支流。

一座坝的序号用数字表示,用来标识同一条支沟中自上游向下游坝址排列的顺序。

关于标识符及序号的编制及上下游关系的判断详述如下:

(1)每座坝具有独有的标识符和序号,标识符由 1~3 个字符组成,序号是阿拉伯数字。例如 A_2 坝的标识符是 A,序号是 2;AB_1 坝址的标识符是 AB,序号是 1;$A\text{-}C_1$ 坝的标

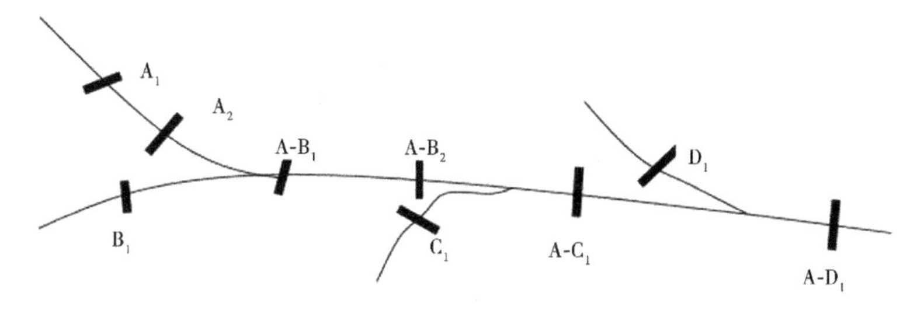

图2-8 坝址编号示意图

识符是A-C,序号是1。

(2)标识符相同的坝必然位于同一支流或流段中,例如A_1坝和A_2坝在同一支流中。

(3)标识符相同、序号相连的坝必然是相邻的上下游坝,例如A_1坝和A_2坝是相邻的上下游坝。

(4)标识符既不相同又不包容的坝,不存在上下游关系。例如A_1与B_1、C_1、D_1等坝的标识符互不相同,也不包容,所以不存在上下游关系。

(5)标识符包容的坝具有上下游关系,但是否相邻,还应做进一步判断。在图2-8中,AB包容A或B,则A_1坝、A_2坝、B_1坝均是AB_1坝的上游坝。但A_1坝不是A-B_1坝的相邻上游坝,B_1坝、A_2坝才是A-B_1坝的相邻上游坝。

(6)标识符最多由三个字符组成,两侧字符是字母,中间是连接符号"-"。符号"-"代表左右两个字母之间的所有字母。如"A-D"中的"-"代表"BC"两个字母,而"A-C"中的"-"则代表"B"一个字母。

2.3.1.2 计算标记

初始状态,所有坝的计算标记均设为"n",坝系调洪演算应从上游向下游依次进行。

位于最上游的A_1坝,q_u及W_u均为零。计算第二座坝A_2坝时,上游相邻坝A_1坝就是最上游坝。A_2计算结束后,A_1的计算标记被置为"y"。计算第三座坝A-B_1坝时,发现A_1坝的计算标记为"y",就不再作为上游坝考虑。之后将计算C_1坝,以此向下游推算,直至A-D_1。

2.3.2 坝系防洪标准研究

小流域坝系可进一步分解为子坝系和单元坝系,它们的划分原则与流域水系和工程布局有关:

子坝系是指小流域内的一级支沟,沟道等级一般在Ⅳ级至Ⅴ级沟道的范畴内。一个小流域坝系往往由若干个子坝系组成,如韭园沟小流域坝系所包含的王家沟、王茂沟等14个子坝系,每个子坝系都是相对独立的支沟,除坝系下游出口处子坝系(韭园沟主沟坝系)外,各子坝系之间一般不存在水沙传递关系。一个子坝系又由若干个单元坝系组成,原则上至少包含一个单元坝系,如王茂沟子坝系又可划分为关地沟、马地嘴等4个单元坝系。图2-9为王茂沟小流域单元坝系划分及结构图。

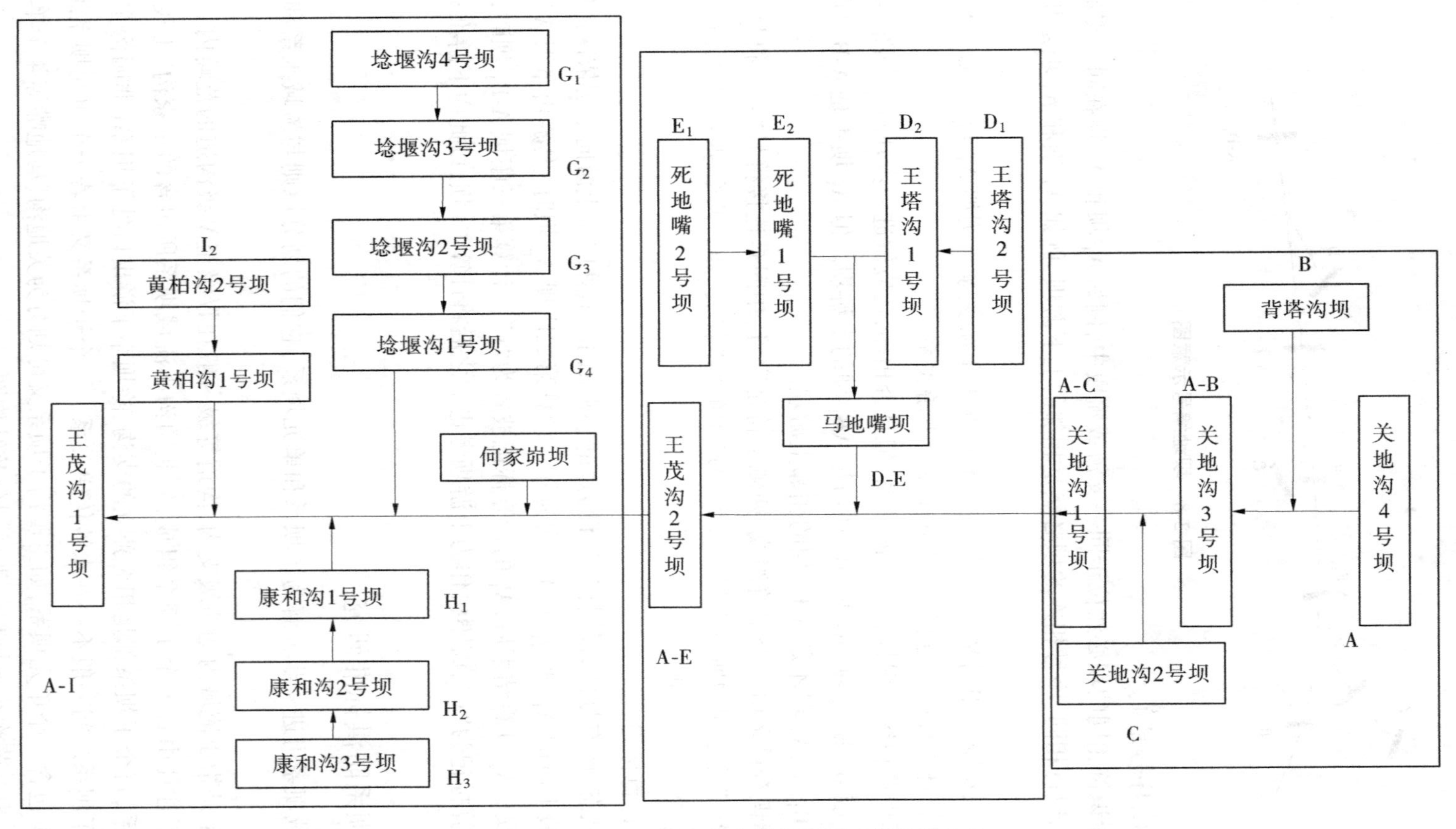

图2-9　王茂沟小流域单元坝系划分及结构

单元坝系是指一座骨干坝(大型坝)及其控制范围内的中、小型淤地坝所组成的工程体系。根据骨干坝的设计特征,每个单元坝系的控制范围一般是面积3.0~8.0 km^2 的闭合水域,恰好符合Ⅲ级沟道的面积特征。从水沙控制的角度来看,每个单元坝系之间是相对独立的;之所以说是相对独立的,是因为虽然各个单元坝系自成体系实施水沙控制,但有些单元坝系位于同一个子坝系内,也存在着上下游关系,上游单元坝系的洪水经过调蓄处理后将泄入其下游的单元坝系,这样的单元坝系之间是存在着水沙传递关系的。如王茂沟小流域坝系中,A-C(关地沟1号)、A-E(王茂沟2号)和A-I(王茂沟2号)3个单元坝系存在上下游关系,组成一个主沟串联坝系结构。

通过子坝系和单元坝系的划分,可以更加清晰地反映出坝系工程体系的空间位置关系以及它们之间的相互作用,有助于坝系的规划设计和建设实施。

解决黄土高原水土流失的关键问题是水沙控制问题。通过调查研究发现,一个坝系可以分为若干个面积3.0~8.0 km^2 的闭合水系,它既是降雨径流汇集的最小单元,又是水土流失发生发展和产流产沙的最小单元。单元坝系是由一座骨干坝和若干座中小型淤地坝组成,其中骨干坝的设计标准较高,可以对所控制范围内的洪水、泥沙以及中小型淤地坝实施控制,达到单元内防洪、拦泥、淤地、生产“区域自治”的效果。

从坝系的角度分析,采用单元控制原则,可以实现分段、分层、分片控制洪水泥沙,削弱导致水土流失的原动力,在不同的降雨条件下,有序地分散径流动能以达到安全拦蓄洪水泥沙的目的,使得坝系工程在设计频率条件下,不同地段的洪水和泥沙各有归宿,得到科学合理的分配,防止其形成具有破坏力的势能,这样就可以减轻灾害甚至避免出现灾害,既保证了坝系的稳定安全,又达到了科学控制和合理利用水沙资源的目的,使坝系处于整体稳定的状态。

从单元坝系的角度分析,采用单元控制,不同等别、不同规模的各项工程之间相互依存、相互补充,各自发挥自身优势,将洪水和泥沙分解、拦蓄,确保单元坝系自身的稳定和安全。即使在流域发生超出中小型淤地坝设计标准的洪水的情况下,允许单元坝系内的中小型淤地坝和坝地生产受到影响,但因为有骨干坝这道“最后防线”的存在,仍然可以保证单元坝系的整体防洪安全,有效防止“二次水土流失”的发生,也保证了整个坝系的稳定和安全。

表2-29对王茂沟小流域坝系中35座现存淤地坝自建坝至调查期的淤积发展情况进行了概化分析。由于自20世纪50年代开始起,至1999年坝系建设情况清查,近50年运行期间,该小流域的土地利用类型和耕作模式变化不大。因此,该期间的土壤侵蚀模数变化亦不是很大,年平均侵蚀模数约1 800万 t/(km^2·a),而自1999年开始推行退耕还林还草以来,土地利用类型和耕作模式发生了极大改变,相应也改变了小流域土壤侵蚀类型和强度,土壤侵蚀模数显著降低。

表 2-29　王茂沟小流域坝系各单坝拦泥现状及淤积预测

坝名	设计库容(万 m^3)			库容已淤(万 m^3)	剩余库容(万 m^3)		年淤积量(万 m^3)	理论淤满时间(年)	运行时间(年)	剩余年限(年)
	总库容	拦泥库容	防洪库容		滞洪库容	拦泥库容				
主沟拦洪	1.22	1.06	0.16	1.22	0	0	0.031	34	40	0
石宣沟 2 号	0.26	0.23	0.03	0.26	0	0	0.007	32	40	0
米地沟	0.22	0.19	0.03	0.22	0	0	0.006	32	40	0
上合沟	0.08	0.07	0.01	0.08	0	0	0.002	35	40	0
康家沟 3 号	2.12	1.84	0.28	2.12	0	0	0.053	35	40	0
埝堰沟 2 号	7.33	6.38	0.95	7.33	0	0	0.167	38	44	0
埝堰沟 4 号	2.41	2.10	0.31	2.41	0	0	0.062	34	39	0
马圪凸 1 号	4.19	3.65	0.54	4.19	0	0	0.107	34	39	0
小嘴沟	1.12	0.97	0.15	1.12	0	0	0.028	35	40	0
死地嘴 3 号	1.18	1.03	0.15	1.18	0	0	0.03	34	40	0
死地嘴 4 号	1.17	1.02	0.15	1.17	0	0	0.029	35	40	0
崖窑沟	0.21	0.18	0.03	0.21	0	0	0.008	23	28	0
王塔沟 2 号	2.00	1.74	0.26	2	0	0	0.065	27	31	0
小王塔沟	0.25	0.22	0.03	0.25	0	0	0.009	24	27	0
死地嘴 1 号	5.07	4.46	0.61	4.88	0.19	0	0.122	37	40	2
康家沟 1 号	2.85	2.51	0.34	2.66	0.19	0	0.068	37	39	3
关地沟 2 号	1.37	1.21	0.16	1.14	0.23	0.07	0.029	42	40	2
主沟 1 号	69.83	60.05	9.78	59.2	10.63	0.85	1.287	47	46	1

续表 2-29

坝名	设计库容(万 m^3)			库容已淤(万 m^3)	剩余库容(万 m^3)		年淤积量(万 m^3)	理论淤满时间(年)	运行时间(年)	剩余年限(年)
	总库容	拦泥库容	防洪库容		滞洪库容	拦泥库容				
何家峁沟	0.62	0.55	0.07	0.42	0.2	0.13	0.016	34	27	8
马地嘴	18.50	16.28	2.22	12	6.5	4.28	0.387	42	31	11
熬子峁	1.18	1.04	0.14	0.78	0.4	0.26	0.02	52	40	13
关地沟3号	14.02	12.34	1.68	8.54	5.48	3.80	0.214	58	40	18
大嘴沟	1.57	1.38	0.19	0.91	0.66	0.47	0.023	60	40	21
死地嘴2号	18.50	16.28	2.22	9.93	8.57	6.35	0.248	66	40	26
黄柏沟1号	5.55	4.88	0.67	2.97	2.58	1.91	0.068	72	44	28
留他沟	5.52	4.86	0.66	2.19	3.33	2.67	0.055	88	40	49
关地沟1号	29.41	25.88	3.53	10.57	18.84	15.31	0.24	108	44	64
康家沟2号	2.64	2.32	0.32	0.79	1.85	1.53	0.02	116	39	77
埝堰沟1号	15.18	13.36	1.82	4.91	10.27	8.45	0.112	119	44	75
见他沟	2.98	2.62	0.36	2.32	0.66	0.30	0.058	45	40	5
黄柏沟2号	2.00	1.76	0.24	1.57	0.43	0.19	0.037	48	43	5
主沟小4号	2.27	2.00	0.27	1.67	0.6	0.33	0.06	33	28	5
王塔沟1号	4.51	3.97	0.54	3.65	0.86	0.32	0.085	47	43	4
埝堰沟3号	5.92	5.21	0.71	4.72	1.2	0.49	0.11	47	43	4
主沟2号	105.40	90.64	14.76	28.08	77.32	62.56	0.702	129	40	89

本书选取1950~1999年间建设并运行至今的各单坝为对象,根据坝地淤积现状,计算其平均年淤积量:

$$\overline{V_i} = \frac{V_{已淤}}{n_i} \tag{2-3}$$

式中:$\overline{V_i}$为各单坝理论年平均淤积量,m^3;$V_{已淤}$为当前已淤泥沙的量,m^3;n_i为各单坝运行时间,a。

$$T_i = \frac{V_{总}}{\overline{V_i}} \tag{2-4}$$

$$T_{可淤} = T_i - n_i \tag{2-5}$$

式中:T_i为各单坝理论淤满时间,a;$V_{总}$为各单坝总设计库容,m^3;$T_{可淤}$为现状库容淤满所需时间,a。

由表2-29可知,当前已淤满的淤地坝共14座,均为小型坝,已失去蓄洪拦沙能力,从坝系生产和防洪需要角度来看,不具备加高扩容条件,今后宜作为单一的生产坝地,配套排灌、防盐渍化措施,以实现高产,发挥坝系的经济效益职能。剩余淤积年限在2~10年间的有10座,0~20年间的有3座坝,包括1座大型坝和1座中型坝,分别为主沟1号坝和马地嘴坝,其余9座均为小型坝,当前也均以投入生产利用阶段,防洪拦沙能力有限,应采取加高或增建卧管或溢洪道等泄水设施,以提高运行年限和保障坝地作物生产。剩余淤积年限在20~50年间的坝共有4座,其中关地沟1、3号坝为中型坝,其余3座均为小型坝,尚可持续拦泥运行且近期无须加高改建。剩余淤积年限在60年以上的坝共4座,中、小型坝各2座,骨干坝1座。

由于小型坝设计淤积年限一般为5~10年,中型坝为10年,大型坝则根据工程等级和规模,设计淤积年限为10~20年。从王茂沟小流域坝系中各单坝的现状淤积情况、理论淤积年限及剩余淤积年限来看,多数单坝设计标准不尽合理。对于现已淤满的14座单坝,由于其淤满年未知,因此,在此不易判断其设计标准是否存在淤积期过长或过短的问题。而对于剩余21座单坝来说,无论其坝型和规模如何,基本上都超出设计淤积年限而还未淤满,因此,可以认为各单坝均存在设计库容过大、淤积年限过长的问题。尤其是留𡚸沟、康和沟2号坝,作为小型坝,均已运行40年以上,但根据理论计算结果,其仍然有50%以上的库容剩余,在侵蚀模数不变的情况下,仍可淤积60年以上。由此,可认为该单元坝系中建坝密度过大、设计库容偏大,从而导致不符合小型坝快速淤地生产、尽快发挥坝系生产效益的目的。而2座中型坝剩余淤积年限达到70年以上,从生产效益来看,投入产出比过低,但从防洪保安角度来看,剩余库容可以作为坝系整体的滞洪库容,从而减轻下游坝的防洪压力。

2.3.3 坝系拦蓄洪水的级联作用

长期以来,作为单坝的防洪标准很容易明确界定,并已形成统一的规范。但作为一个结构复杂但又有清晰层级的系统整体的坝系,其防洪标准缺少一个明确的定义。这是由于小流域地貌的复杂多样导致了淤地坝数量、坝型、布局等配置问题也复杂多样,因此,给予坝系整体一个科学合理的防洪标准，以最大限度保证坝系安全，而又不至于投入太大，就成了一个坝系建设规划中的难点。

(1)小流域坝系防洪体系。

一个坝系结构完整的小流域坝系仿佛一片树叶，自然侵蚀形成的沟道宛如叶脉，沿着主沟道形成发散状分布，沟道中若干大、中、小型坝库星罗棋布，形成一个工程体系，其功能可归类为两大体系：防洪体系和生产体系。

防洪体系是坝系的骨架，是维系坝系安全运行的必要的骨干设施。防洪体系主要由承担坝系防洪任务的骨干坝组成，设计标准较高、工程规模较大。骨干坝利用其较大的防洪库容，调蓄和拦截控制区域内的洪水和泥沙，并承担保护下游小多成群淤地坝安全生产的任务。因此，坝系整体的防洪安全设防标准可由若干个骨干坝承担。

生产体系是确保坝系存在和可持续发展的主要内容和目的，由中、小型淤地坝及附属建筑物组成。坝地、灌溉库容与养殖水面是坝系经济活动的基础，也是坝系规划设计的重要内容。生产体系的设计标准较低，一般不承担防洪任务。当然，骨干坝同样具备一定的生产能力，甚至有些坝系中的骨干坝成为生产体系的重点。

因此可见，一条功能完善、配置齐全、效益显著的坝系中，不同类型、不同规模、不同作用的工程应采用不同的设计标准，这样既可减少坝系建设的投入，又能发挥各个工程的作用。在坝系的运行过程中各司其职、各尽所能、联合运用，分层、分片、分段拦蓄洪水和泥沙，最大限度地发挥其在坝系中的优势，并通过相互之间的联合互动，弥补各自所存在的缺陷或不足之处，这种相互合作、相互保护、相互补充的结果，将保证坝系处于高效运转的状态，实现其对洪水的安全蓄滞和对泥沙最大程度的拦截。

(2)淤地坝防洪标准。

现行的《水土保持治沟骨干工程技术规范》(SL 298—2003)和《水土保持技术规范沟壑治理技术》(GB/T 16453.3—1996)等，都对淤地坝工程的设计标准有着明确的规定，见表 2-30。

表 2-30　淤地坝规模与设计标准

项目		骨干坝		中小型淤地坝	
工程等级或规模		Ⅴ	Ⅳ	小型	中型
总库容(万 m^3)		50~100	100~500	1~10	10~50
淤积年限(年)		10~20	20	5~10	10
设计洪水重现期(年)	校核	200~300	300~500	50	100
	设计	20~30	30~50	10	10~20

(3)单坝防洪标准与坝系防洪标准的关系。

单坝防洪标准的确定一般只考虑该坝所控制区域内的水沙情况，如果单坝实际出现的洪水重现期不超过坝的设计标准，则该坝即是安全的。作为大量单坝的复杂组合的坝系则不然，需要考虑到整个系统内部的相互联系、调度等问题。单坝的防洪标准不等于坝系的防洪标准；反之，坝系的防洪标准也不能替代单坝的防洪标准。单坝防洪标准最佳，不能说明坝系的防洪标准最佳。

所以,在进行小流域坝系规划和布局时,对于同一类别的淤地坝来讲,当防洪标准都取相同值时,是一种较为经济、合理的方案,对于坝系中骨干坝尤其如此。对骨干坝的防洪标准确定应在保证坝系整体安全的基础上进行:

①合理的坝系配置更容易发展到相对稳定状态,承担防洪任务的骨干坝可拦蓄其控制范围内的全部洪水和泥沙,骨干坝不存在垮坝危险,以保证坝系的完好。

②骨干坝在坝系建设中取相同的设计标准,可以将坝地防洪标准问题简单化,但在实际应用中,因地制宜、因时制宜对坝系中个别规模较大骨干坝应适当提高设计标准。

(4)应用"低板论"确定坝系防洪标准。

日常生活中常用的木制水桶是用若干块木板条箍成的,如果有一块木板最低,无论其余木板条多高,那么木桶的容积就以最低的木板高作为计算标准,故称为小流域坝系防洪标准的"低板论"原则。

将"低板论"引入坝系防洪标准研究中,认为在一个坝系内所有的单元坝系中,若存在一个防洪能力最低的,也就是骨干坝防洪标准最小的单元坝系,就说明这个单元坝系处于不安全的状态,如果发生超过该单元坝系防洪标准的降水,那么该单元坝系中的骨干坝就有可能发生溃坝风险,洪水下泄后对下游单元坝系造成压力和威胁,甚至发生连锁溃坝,导致坝系防洪体系的崩溃。因此,在对该坝系防洪标准进行计算时,就应将此单元坝系的防洪标准作为整个坝系的计算标准。

采用"低板论"确定坝系防洪标准,目的是保证坝系安全运行,防止发生坝系防洪功能崩溃,最大限度地消除坝系防洪中所存在的安全隐患,降低坝系工程建设的成本,为坝系工程的布局、规模的调整和工程的配套完善奠定基础。

2.3.3.1 王茂沟小流域不同坝系结构配置蓄洪效应

本书为了揭示小流域坝系中不同坝系单元组合以及各坝系单元中不同单坝组合对洪水泥沙的分层、分片、分段蓄滞和拦截的级联作用,在将小流域坝系作为一个系统体系的基础上,应用坝系防洪"低板论"理论,将骨干坝作为该坝控制区间蓄洪的决定性因素,分析其上游分别配置不同数量、不同坝型、不同位置的中、小型淤地坝对骨干坝蓄洪拦沙能力的影响,以及两者之间的关系,为坝系建设中的布局、防洪标准确定提供理论基础。具体研究方法如下:

将王茂沟小流域主沟道划分为3段,每段分别由一座大型淤地坝控制,将该坝上游还原到未建坝前的状态。

在该控制性骨干坝上游分别配置$0,1,2,\cdots,n$座中小型坝,然后计算不同配置、不同重现期洪水条件下,进入骨干坝的洪水的量。

分别计算50年、100年、200年、300年和500年一遇洪水标准下,不同单元坝系结构组合,骨干坝及其上游坝分别拦蓄洪水的量,并与现状剩余库容对比,可以作为判断该骨干坝和单元坝系的现状防洪风险评价指标。

$$W_{骨干} = 0.1\alpha H_{24}(F_{区间} - \sum F_i) + \sum \Delta w_i \quad (i = 1,2,\cdots,n) \tag{2-6}$$

$$\Delta w_i = w_i - V_i \quad (i = 1,2\cdots,n),(w_i < V_i,\Delta w_i = 0) \tag{2-7}$$

$$w_i = 0.1\alpha H_{24} F_i \quad (i = 1,2,\cdots,n) \tag{2-8}$$

式中：$W_{骨干}$为上游配置不同单坝组合情况下，该区间被骨干坝拦蓄的洪水量；α 为洪量径流系数；H_{24} 为频率为 P 的流域中心点的 24 h 暴雨量；$F_{区间}$为骨干坝控制区间面积，km^2；F_i 为上游各单坝的控制面积，km^2；Δw_i 为骨干坝上游各单坝控制区间洪水总量与该坝滞洪库容之差，万 m^3；V_i 为骨干坝上游各单坝的滞洪库容，万 m^3。

由式(2-5)~式(2-8)可知，当骨干坝控制区间面积和库容一定时，该坝需承担区间全部洪水和泥沙的拦蓄任务，设计标准相对较高，对该单元坝系的安全起着决定性作用，也是该水沙传递体系的最后一道闸门。

为了从坝系结构上系统地研究小流域串联坝系蓄洪拦沙的级联作用，将王茂沟小流域还原到没有任何淤地坝等水土保持生态工程的初始状态，根据王茂沟小流域的沟道分布特点，通过建坝潜力调查分析，对不同单元坝系结构的蓄洪拦沙能力进行推演，根据推演结果判断主沟道上 3 个控制性坝库工程在其上游淤地坝不同布设位置、坝型和数量，从而形成不同的坝系结构情况下，串联坝系中上下游坝系之间的泥沙输移和分配关系，揭示坝系内如何配置才能更好地实现坝与坝之间的互相配合、联合运用，从而达到调洪削峰、确保坝系安全、防洪保收的目的。

首先，假设关地沟 1 号坝(坝 AC)上游无中小型坝，则控制区间水沙全部由关地沟 1 号坝拦蓄。当上游分别增加坝 A，即关地沟 4 号坝后，随着上游建坝数量和库容的增加，区间内由坝 AC 拦蓄的洪量逐渐减少，其承担的防洪压力也逐渐减小；当其上游继续增建坝 A、B、AB、C 后，此 4 座坝总库容达到 19.6 万 m^3，占到坝 AC 库容的 50%，可以在坝 AC 上游拦截相当于其库容 1/2 的水沙，缓解了坝 AC 的防洪压力，延长了其作为控制性工程的淤积年限和使用寿命。

如表 2-31 所示，对于 50 年一遇洪水，当上游无坝时，区间洪水全部由坝 AC 拦蓄，需拦蓄 5.55 万 m^3 洪量；当上游依次增加坝 A、B、AB、C 时，该单元坝系组合依次为 AC+A、AC+A/B、AC+A/B/AB 和 AC+A/B/AB/C，则主沟控制坝 AC 需拦蓄洪量分别为 3.56 万 m^3、2.66 万 m^3、1.67 万 m^3 和 1.09 万 m^3。

如表 2-32 所示，对于 100 年一遇洪水，当上游无坝时，区间洪水全部由坝 AC 拦蓄，需拦蓄 6.71 万 m^3 洪量；当上游依次增加坝 A、B、AB、C 时，该单元坝系组合依次为 AC+A、AC+A/B、AC+A/B/AB 和 AC+A/B/AB/C，则主沟控制坝 AC 需拦蓄洪量分别为 4.30 万 m^3、3.21 万 m^3、2.01 万 m^3 和 1.31 万 m^3。

同理，如表 2-33 所示，对于 300 年一遇洪水，对不同的单元坝系组合，坝 AC 需拦蓄洪水量分别为 8.80 万 m^3、5.64 万 m^3、4.21 万 m^3、2.64 万 m^3、1.72 万 m^3；如表 2-34 所示，对于 500 年一遇洪水，对不同的单元坝系组合，坝 AC 需拦蓄洪水量分别为 10.14 万 m^3、6.50 万 m^3、4.85 万 m^3、3.04 万 m^3、1.98 万 m^3。

表 2-31　关地沟 1 号坝区间不同坝系结构组合蓄洪级联特征(50 年一遇)

单坝	设计库容（万 m^3）	剩余库容（万 m^3）	坝系组合				
			AC_0	AC_1	AC_2	AC_3	AC_4
A	13.6	7.1	1.99				
B	3.2	0	0.90	0.90			
AB	1.4	0	0.99	0.99	0.99		
C	1.4	0	0.58	0.58	0.58	0.58	
AC	29.4	10.61	1.09	1.09	1.09	1.09	1.09
合计	49.0	17.7	5.55	3.56	2.66	1.67	1.09

注：A 为关地沟 4 号坝；B 为背她沟坝；AB 为关地沟 2 号坝；C 为关地沟 3 号坝；AC 为关地沟 1 号坝，下同。
AC_0 为单元坝系仅有坝 AC；AC_1 为 AC+A 的坝系结构；AC_2 为 AC+A/B 组合；AC_3 为 AC+A/B/AB 的坝系结构；AC_4 为 AC+A/B/AB/C 的坝系结构，下同。

表 2-32　关地沟 1 号坝区间不同坝系结构组合蓄洪级联特征(100 年一遇)

单坝	设计库容（万 m^3）	剩余库容（万 m^3）	坝系组合				
			AC_0	AC_1	AC_2	AC_3	AC_4
A	13.6	7.1	2.41				
B	3.2	0	1.09	1.09			
AB	1.4	0	1.20	1.20	1.20		
C	1.4	0	0.70	0.70	0.70	0.70	
AC	29.4	10.6	1.31	1.31	1.31	1.31	1.31
合计	49.0	17.7	6.71	4.30	3.21	2.01	1.31

表 2-33　关地沟 1 号坝区间不同坝系结构组合蓄洪级联特征(300 年一遇)

单坝	设计库容（万 m^3）	剩余库容（万 m^3）	坝系组合				
			AC_0	AC_1	AC_2	AC_3	AC_4
A	13.6	7.1	3.16				
B	3.2	0	1.43	1.43			
AB	1.4	0	1.57	1.57	1.57		
C	1.4	0	0.92	0.92	0.92	0.92	
AC	29.4	10.6	1.72	1.72	1.72	1.72	1.72
合计	49.0	17.7	8.80	5.64	4.21	2.64	1.72

表 2-34　关地沟 1 号坝区间不同坝系结构组合蓄洪级联特征(500 年一遇)

单坝	库容（万 m^3）	剩余库容（万 m^3）	坝系组合				
			AC_0	AC_1	AC_2	AC_3	AC_4
A	13.6	7.1	3.64				
B	3.2	0	1.65	1.65			
AB	1.4	0	1.81	1.81	1.81		
C	1.4	0	1.06	1.06	1.06	1.06	
AC	29.4	10.6	1.98	1.98	1.98	1.98	1.98
合计	49.0	17.7	10.14	6.50	4.85	3.04	1.98

同上，首先，假设王茂沟 2 号坝（坝 AD）上游无坝，则控制区间水沙全部由坝 AD 拦蓄。当上游依次增加坝 D_1、D_2、E_1、E_2、DE 时，该单元坝系组合依次为 $AD+D_1$、$AD+D_1/D_2$、$AD+D_1/D_2/E_1$ 和 $AD+D_1/D_2/E_1/E_2$ 和 $AD+D_1/D_2/E_1/E_2/DE$，则坝 AD 上游 5 个中小型坝总的库容为 48.58 万 m^3。

当上游分别增加坝 A，即关地沟 4 号坝后，随着上游建坝数量和库容的增加，区间内由坝 AC 拦蓄的洪量逐渐减少，其承担的防洪压力也逐渐减小；当其上游继续增建坝 A、B、AB、C 后，此 4 座坝总库容达到 19.6 万 m^3，占到坝 AC 库容的 50%，可以在坝 AC 上游拦截相当于其库容 1/2 的水沙，缓解了坝 AC 的防洪压力，延长了其作为控制性工程的淤积年限和使用寿命。

如表 2-35 所示，对于 50 年一遇洪水，当上游无坝时，区间洪水全部由坝 AD 拦蓄，需拦蓄 8.75 万 m^3 洪量；当上游依次增加坝 D_1、D_2、E_1、E_2、DE 时，主沟控制坝 AC 需拦蓄洪量分别为 7.06 万 m^3、5.26 万 m^3、4.57 万 m^3 和 3.32 万 m^3。

如表 2-36 所示，对于 100 年一遇洪水，当上游无坝时，区间洪水全部由坝 AD 拦蓄，需拦蓄 10.58 万 m^3 洪量；当上游依次增加坝 D_1、D_2、E_1、E_2、D_E 时，则主沟控制坝 AD 需拦蓄洪量分别为 10.29 万 m^3、8.54 万 m^3、6.37 万 m^3、5.53 万 m^3 和 4.02 万 m^3。

同理，如表 2-37 所示，对于 300 年一遇洪水，对不同的单元坝系组合，坝 AD 需拦蓄洪量分别为 13.84 万 m^3、13.46 万 m^3、11.17 万 m^3、8.33 万 m^3、7.24 万 m^3 和 5.26 万 m^3；如表 2-38 所示，对于 500 年一遇洪水，对不同的单元坝系组合，坝 AD 需拦蓄洪量分别为 15.97 万 m^3、15.33 万 m^3、12.89 万 m^3、9.61 万 m^3、8.35 万 m^3 和 6.07 万 m^3。

表 2-35 王茂沟 2 号坝区间不同坝系结构组合蓄洪级联特征(50 年一遇)

单坝	设计库容（万 m^3）	剩余库容（万 m^3）	坝系组合					
			AD_0	AD_1	AD_2	AD_3	AD_4	AD_5
D_1	2.00	0	0.24					
D_2	4.51	0.86	1.45	1.45				
E_1	18.5	8.57	1.80	1.8	1.8			
E_2	5.07	0.19	0.69	0.69	0.69	0.69		
DE	18.50	6.50	1.25	1.25	1.25	1.25	1.25	
AD	105.4	77.32	3.32	3.32	3.32	3.32	3.32	3.32
合计	153.97	93.44	8.75	8.51	7.06	5.26	4.57	3.32

注：D_1 为王塔沟 2 号坝；D_2 为王塔沟 1 号坝；E_1 为死地嘴 2 号坝；E_2 为死地嘴 1 号坝；DE 为马地嘴坝；AD 为王茂沟 2 号坝，下同。

AD_0 为单元坝系只有坝 AD；AD_1 为 $AD+D_1$ 的坝系结构；AD_2 为 $AD+D_1/D_2$ 的坝系结构；AD_3 为 $AD+D_1/D_2/E_1$ 的坝系结构；AD_4 为 $AD+D_1/D_2/E_1/E_2$ 的坝系结构；AD_5 为 $AD+D_1/D_2/E_1/E_2/DE$ 的坝系结构，下同。

表 2-36 王茂沟 2 号坝区间不同坝系结构组合蓄洪级联特征(100 年一遇)

单坝	设计库容（万 m^3）	剩余库容（万 m^3）	坝系组合					
			AD_0	AD_1	AD_2	AD_3	AD_4	AD_5
D_1	2.00	0	0.29					
D_2	4.51	0.86	1.75	1.75				
E_1	18.50	8.57	2.17	2.17	2.17			
E_2	5.07	0.19	0.84	0.84	0.84	0.84		
DE	18.50	6.50	1.51	1.51	1.51	1.51	1.51	
AD	105.40	77.32	4.02	4.02	4.02	4.02	4.02	4.02
合计	153.97	93.44	10.58	10.29	8.54	6.37	5.53	4.02

表 2-37 王茂沟 2 号坝区间不同坝系结构组合蓄洪级联特征(300 年一遇)

单坝	设计库容（万 m^3）	剩余库容（万 m^3）	坝系组合					
			AD_0	AD_1	AD_2	AD_3	AD_4	AD_5
D_1	2.00	0	0.38					
D_2	4.51	0.86	2.29	2.29				
E_1	18.50	8.57	2.84	2.84	2.84			
E_2	5.07	0.19	1.09	1.09	1.09	1.09		
DE	18.5	6.50	1.98	1.98	1.98	1.98	1.98	
AD	105.4	77.32	5.26	5.26	5.26	5.26	5.26	5.26
合计	153.97	93.44	13.84	13.46	11.17	8.33	7.24	5.26

表 2-38 王茂沟 2 号坝区间不同坝系结构组合蓄洪级联特征(500 年一遇)

单坝	设计库容（万 m^3）	剩余库容（万 m^3）	坝系组合					
			AD_0	AD_1	AD_2	AD_3	AD_4	AD_5
D_1	2.00	0	0.44					
D_2	4.51	0.86	2.64	2.64				
E_1	18.50	8.57	3.28	3.28	3.28			
E_2	5.07	0.19	1.26	1.26	1.26	1.26		
DE	18.50	6.50	2.28	2.28	2.28	2.28	2.28	
AD	105.40	77.32	6.07	6.07	6.07	6.07	6.07	6.07
合计	153.97	93.44	15.97	15.53	12.89	9.61	8.35	6.07

同上，首先，假设王茂沟 1 号坝(坝 AI)上游无坝，则控制区间水沙全部由坝 AI 拦蓄。当上游依次增加坝 G_1、G_2、G_3、G_4、H_1、H_2、I_1、I_2 时，该单元坝系组合依次为 AI+G_1、AI+G_1/G_2、AI+$G_1/G_2/G_3$、AI+$G_1/G_2/G_3/G_4$、AI+$G_1/G_2/G_3/G_4/H_1$ 和 AI+$G_1/G_2/G_3/G_4/H_1/H_2$、AI+$G_1/G_2/G_3/G_4/H_1/H_2/H_3$、AI+$G_1/G_2/G_3/G_4/H_1/H_2/H_3/I_1$ 及 AI+$G_1/G_2/G_3/G_4/H_1/H_2/H_3/I_1/I_2$，坝 AI 上游 9 个中小型坝总的库容为 46.5 万 m^3。

如表 2-39 所示，对于 50 年一遇洪水，当上游无坝时，区间洪水全部由坝 AI 拦蓄，需拦蓄 12.69 万 m^3 洪量；当上游依次增加坝 G_1、G_2、G_3、G_4、H_1、H_2、I_1、I_2 时，主沟控制坝 AI 需拦蓄洪量分别为 11.56 万 m^3、10.45 万 m^3、9.27 万 m^3、9.1 万 m^3、7.9 万 m^3、7.63 万 m^3、7.35 万 m^3、6.59 万 m^3、5.68 万 m^3。

如表 2-40 所示，对于 100 年一遇洪水，当上游无坝时，区间洪水全部由坝 AI 拦蓄，需拦蓄 15.35 万 m^3 洪量；当上游依次增加坝 G_1、G_2、G_3、G_4、H_1、H_2、I_1、I_2 时，主沟控制坝 AI 需拦蓄洪量分别为 13.39 万 m^3、12.65 万 m^3、11.22 万 m^3、11.01 万 m^3、9.56 万 m^3、9.23 万 m^3、8.89 万 m^3、9.79 万 m^3、6.87 万 m^3。

同理，如表 2-41 所示，对于 300 年一遇洪水，对不同的单元坝系组合，坝 AI 需拦蓄洪量分别为 20.1 万 m^3、18.32 万 m^3、16.57 万 m^3、14.7 万 m^3、14.43 万 m^3、12.53 万 m^3、13.88 万 m^3、11.65 万 m^3、10.45 万 m^3、9.0 万 m^3；如表 2-42 所示，对于 500 年一遇洪水，对不同的单元坝系组合，坝 AI 需拦蓄洪量分别为 23.17 万 m^3、21.12 万 m^3、19.1 万 m^3、16.95 万 m^3、16.63 万 m^3、14.44 万 m^3、13.94 万 m^3、13.43 万 m^3、12.04 万 m^3。

由于坝系不仅需要具备防洪保安功能，而且需要淤地生产来作为坝系生存和可持续发展的基础。因此，在利用控制性工程确保安全的前提下，可在该坝上游的 Ⅰ、Ⅱ 级支沟建设中小型淤地坝，以尽快淤地生产。以淤地生产为主要目的的中小型淤地坝设计标准较低，淤积年限较短，一般为 5~10 年。因此，坝分布密度、坝高、库容、坝址的合理配置就显得尤为重要。如果配置不够合理，布坝密度过小，会很快淤满，库容丧失过快，下游无控制性大坝或该控制性大坝剩余库容较小，一旦出现超标准洪水，则必将对下游的防洪安全造成压力，甚至导致连锁溃坝的危险。反之，如果布坝密度过大，理论上来讲，该单元坝系面对超标洪水时会更加安全，但相应的建坝投入成本增加，各单坝控制面积过小，淤积成地过慢，坝系不能尽快发挥生产效益，也不利于坝系的生存和可持续发展。

表 2-39　王茂沟 1 号坝区间不同坝系结构组合蓄洪级联特征（50 年一遇）

单坝	设计库容（万 m^3）	剩余库容（万 m^3）	坝系组合									
			AI	AI_1	AI_2	AI_3	AI_4	AI_5	AI_6	AI_7	AI_8	AI_9
G_1	2.41	0	1.13									
G_2	5.92	1.20	1.11	1.11								
G_3	7.33	0	1.18	1.18	1.18							
G_4	15.18	10.27	0.17	0.17	0.17	0.17						
H_1	2.12	0	1.20	1.20	1.20	1.20	1.20					
H_2	2.64	1.85	0.27	0.27	0.27	0.27	0.27	0.27				
H_3	2.85	0.19	0.28	0.28	0.28	0.28	0.28	0.28	0.28			
I_1	2.00	0.43	0.76	0.76	0.76	0.76	0.76	0.76	0.76	0.76		
I_2	5.55	2.58	0.91	0.91	0.91	0.91	0.91	0.91	0.91	0.91	0.91	
AI	69.83	10.63	5.68	5.68	5.68	5.68	5.68	5.68	5.68	5.68	5.68	5.68
合计	115.83	27.15	12.69	11.56	10.45	9.27	9.1	7.9	7.63	7.35	6.59	5.68

注：G_1 为埝堰沟 4 号坝；G_2 为埝堰沟 3 号坝；G_3 为埝堰沟 2 号坝；G_4 为埝堰沟 1 号坝；H_3 为康和沟 3 号坝；H_2 为康和沟 2 号坝；H_1 为康和沟 1 号坝；I_1 为黄柏沟 2 号坝；I_2 为黄柏沟 1 号坝，下文同此。

AI 为单元坝系仅有单坝 AI；AI_1 为 AI+G_1 坝系结构；AI_2 为 AI+G_1/G_2 的坝系结构；AI_3 为 AI+G_1/G_2/G_3 的坝系结构；AI_4 为 AI+G_1/G_2/G_3/G_4 的坝系结构；为 AI_5 为 AI+G_1/G_2/G_3/G_4/H_1 的坝系结构；AI_6 为 AI+G_1/G_2/G_3/G_4/H_1/H_2 的坝系结构；AI_7 为 AI+G_1/G_2/G_3/G_4/H_1/H_2/H_3 的坝系结构；AI_8 为 AI+G_1/G_2/G_3/G_4/H_1/H_2/H_3/I_1 的坝系结构；AI_9 为 AI+G_1/G_2/G_3/G_4/H_1/H_2/H_3/I_1/I_2 的坝系结构，下同。

表 2-40　王茂沟 1 号坝区间不同坝系结构组合蓄洪级联特征（100 年一遇）

单坝	设计库容（万 m^3）	剩余库容（万 m^3）	坝系组合									
			AI	AI_1	AI_2	AI_3	AI_4	AI_5	AI_6	AI_7	AI_8	AI_9
G_1	2.41	0	1.36									
G_2	5.92	1.20	1.34	1.34								
G_3	7.33	0	1.43	1.43	1.43							
G_4	15.18	10.27	0.21	0.21	0.21	0.21						
H_1	2.12	0	1.45	1.45	1.45	1.45	1.45					
H_2	2.64	1.85	0.33	0.33	0.33	0.33	0.33	0.33				
H_3	2.85	0.19	0.34	0.34	0.34	0.34	0.34	0.34	0.34			
I_1	2.00	0.43	0.92	0.92	0.92	0.92	0.92	0.92	0.92	0.92		
I_2	5.55	2.58	1.10	1.10	1.10	1.10	1.10	1.10	1.10	1.10	1.10	
AI	69.83	10.63	6.87	6.87	6.87	6.87	6.87	6.87	6.87	6.87	6.87	6.87
合计	115.83	27.15	15.35	13.99	12.65	11.22	11.01	9.56	9.23	8.89	7.97	6.87

表 2-41　王茂沟 1 号坝区间不同坝系结构组合蓄洪级联特征(300 年一遇)

单坝	设计库容（万 m^3）	剩余库容（万 m^3）	坝系组合									
			AI	AI_1	AI_2	AI_3	AI_4	AI_5	AI_6	AI_7	AI_8	AI_9
G_1	2.41	0	1.78									
G_2	5.92	1.20	1.75	1.75								
G_3	7.33	0	1.87	1.87	1.87							
G_4	15.18	10.27	0.27	0.27	0.27	0.27						
H_1	2.12	0	1.90	1.90	1.90	1.90	1.90					
H_2	2.64	1.85	0.43	0.43	0.43	0.43	0.43	0.43				
H_3	2.85	0.19	0.45	0.45	0.45	0.45	0.45	0.45	0.45			
I_1	2.00	0.43	1.20	1.20	1.20	1.20	1.20	1.20	1.20	1.20		
I_2	5.55	2.58	1.45	1.45	1.45	1.45	1.45	1.45	1.45	1.45	1.45	
AI	69.83	10.63	9.00	9.00	9.00	9.00	9.00	9.00	9.00	9.00	9.00	9.00
合计	115.83	27.15	20.10	18.32	16.57	14.70	14.43	12.53	13.88	11.65	10.45	9.00

表 2-42　王茂沟 1 号坝区间不同坝系结构组合蓄洪级联特征(500 年一遇)

单坝	设计库容（万 m^3）	剩余库容（万 m^3）	坝系组合									
			AI	AI_1	AI_2	AI_3	AI_4	AI_5	AI_6	AI_7	AI_8	AI_9
G_1	2.41	0	2.05									
G_2	5.92	1.20	2.02	2.02								
G_3	7.33	0	2.15	2.15	2.15							
G_4	15.18	10.27	0.32	0.32	0.32	0.32						
H_1	2.12	0	2.19	2.19	2.19	2.19	2.19					
H_2	2.64	1.85	0.50	0.50	0.50	0.50	0.50	0.50				
H_3	2.85	0.19	0.51	0.51	0.51	0.51	0.51	0.51	0.51			
I_1	2.00	0.43	1.39	1.39	1.39	1.39	1.39	1.39	1.39	1.39		
I_2	5.55	2.58	1.67	1.67	1.67	1.67	1.67	1.67	1.67	1.67	1.67	
AI	69.83	10.63	10.37	10.37	10.37	10.37	10.37	10.37	10.37	10.37	10.37	10.37
合计	115.83	27.15	23.17	21.12	19.10	16.95	16.63	14.44	13.94	13.43	12.04	10.37

2.3.3.2　王茂沟小流域防洪安全控制方法

对单坝来说，在坝库初建时，坝内淤积较少，拦泥库容尚未淤积部分可参与拦洪，因此实际拦洪能力较大。随着淤积量的逐渐增大,单坝拦洪能力逐步降低至设计标准,安全性相应下降。就坝系而言,由于建设初期坝库较少,坝系整体防洪能力较低。随着建设规模的逐步扩大,坝系的防洪能力将随之不断提高,坝系安全性也相应加强。

坝系防洪安全控制的方法,就是通过合理确定坝系建设不同时期坝库的布设数量、位置、打坝顺序与间隔时间,使坝系实际动态拦洪能力始终能够达到或接近坝系整体的设计暴雨洪水标准,实现对暴雨洪水的均衡分配,从而保证各个形成时期坝系的整体防洪安全,降低坝系形成过程中的水毁风险。因此,在坝系建设过程中,当某一时期某单坝实际拦洪能力不能抵御控制范围内相应标准的暴雨洪水时,应及时对该工程进行加高处理或在该坝上游修建其他坝库以分配洪水。

表 2-43 为关地沟 1 号坝坝系单元在不同坝系结构情况下的防洪演算结果,由表 2-43 可知,当该单元坝系的控制性大坝 AC 上游无坝时,随着洪水标准(50 年一遇、100 年一遇、300 年一遇、500 年一遇)的提高,由坝 AC 蓄滞的洪水的量分别为 5.55 万 m^3、6.71 万 m^3、8.80 万 m^3 和 10.14 万 m^3。当上游增建坝 A 后,坝 AC 上游来洪量减小,它需拦蓄洪水的量也相应减小,300 年一遇洪水标准其拦蓄量为 5.64 万 m^3,相当于上游无坝时 50 年一遇洪水标准时进入坝 AC 的洪量;当洪水标准提高到 500 年一遇时,需坝 AC 拦蓄的洪水的量为 6.5 万 m^3,相当于上游无坝时 100 年一遇洪水标准情况下拦蓄的洪量。当上游继续增建坝 B、AB 和 C 时,由于上游中小型坝对洪水的就地拦蓄,进入控制性大坝 AC 的洪水的量持续减小。当形成 AC+A/B/AB/C 的单元坝系结构组合后,经过坝系上游各中小型坝对洪水的分段分片层层拦蓄,进入坝 AC 的洪水的量在不同的洪水标准下分别为 1.09 万 m^3、1.31 万 m^3、1.72 万 m^3 和 1.98 万 m^3,即使当洪水标准为 500 年一遇情况下,最终进入坝 AC 的洪水的量仅为 1.98 万 m^3,远小于上游无坝时进入坝 AC 的洪量。因此,可以认为,串联坝系中,上游坝的数量、库容和布局的合理配置可以减少进入下游控制性坝的洪量,从而减轻其防洪压力。由于坝系的防洪标准高低主要是由控制性坝的蓄洪标准决定的,所以,对于串联坝系来说,可以认为上游坝的配置数量、库容和布局提高了坝系的整体防洪标准。

表 2-43 关地沟 1 号坝在坝系不同结构情况下的防洪演算结果 (单位:万 m^3)

洪水标准	AC_0	AC_1	AC_2	AC_3	AC_4
50 年一遇	5.55	3.56	2.66	1.67	1.09
100 年一遇	6.71	4.30	3.21	2.01	1.31
300 年一遇	8.80	5.64	4.21	2.64	1.72
500 年一遇	10.14	6.50	4.85	3.04	1.98

表 2-44 为王茂沟 2 号坝在单元坝系不同结构情况下的防洪演算结果。如表 2-44 所示,当该区间仅 AD 一座骨干坝时,根据不同标准的洪水(50 年一遇、100 年一遇、300 年一遇、500 年一遇)进行洪水演算得到坝 AD 可拦蓄洪水为 8.75 万 m^3、10.58 万 m^3、13.84 万 m^3 和 15.97 万 m^3。当上游增建坝 DI,形成 AD_1 的坝系结构时,由于坝 D1 库容过小,仅 0.3 万 m^3,所以拦蓄洪量极其有限,对进入坝 AD 的洪量影响有限。当上游增建 D_1、

D_2、E_1 和 E_2 共 4 座坝后，拦蓄截留洪水能力增大，很大幅度上减少了进入坝 AD 的洪量，分别为 4.57 万 m^3、5.53 万 m^3、7.24 万 m^3 和 8.35 万 m^3，使作为坝系控制性骨干坝的坝 AD 防洪标准大幅提高，由 50 年一遇提高到 300 年一遇。当增建中型坝 DE 后，坝 AD 需拦蓄洪水的量大幅减少，即使 500 年一遇洪水标准，经过上游中小型坝的层层拦蓄，最终进入坝 AD 的洪水仅为 6.07 万 m^3，相当于上游无坝情况下 50 年一遇洪水拦蓄的量。因此，对于该单元坝系来说，骨干坝 AD 上游建坝后，各单坝分段分层拦蓄区间洪水，减缓骨干坝的拦洪压力，使得单元坝系整体的防洪标准大幅提高。

表 2-44　王茂沟 2 号坝在坝系不同结构情况下的防洪演算结果　（单位：万 m^3）

洪水标准	AD_0	AD_1	AD_2	AD_3	AD_4	AD_5
50 年一遇	8.75	8.51	7.06	5.26	4.57	3.32
100 年一遇	10.58	10.29	8.54	6.37	5.53	4.02
300 年一遇	13.84	13.46	11.17	8.33	7.24	5.26
500 年一遇	15.97	15.53	12.89	9.61	8.35	6.07

王茂沟 1 号坝控制区间面积 2.64 km^2，它与上游 9 座中小型坝组成一个单元坝系，对不同单坝组合的坝系结构情况进行防洪演算。表 2-45 为不同单元坝系结构情况，不同标准（50 年一遇、100 年一遇、300 年一遇、500 年一遇）的洪水经上游中小型坝分片、分段、层层拦蓄后进入控制性骨干坝 AI 的洪水的量。当该区间仅有坝 AI 时，不同标准洪水将全部由该坝拦蓄，分别为 12.69 万 m^3、15.35 万 m^3、20.10 万 m^3 和 23.17 万 m^3，若以当前该坝剩余库容 10.57 万 m^3 来算，则该坝将不能抵御 50 年一遇的低标准洪水。当上游增建 G_1、G_2、G_3、G_4 坝后，骨干坝 AI 的防洪压力因上游 4 座小型坝对洪水的就地拦蓄而得到一定程度的缓解，不需拦截全部的洪量，但由于 4 座小型坝库容较小，所以对下游防洪压力所起影响不是太大。当上游继续增建 H_1、H_2、H_3 和 I_1、I_2 等 5 座中小型坝后，整个单元坝系将被 9 座单坝分割为 9 个区段，每座单坝可就地拦蓄控制区间的洪水，从而减轻其相邻下游坝的防洪压力。假设就现状单元坝系结构来看，在不同洪水标准下，骨干坝 AI 需拦蓄洪水的量分别为 5.68 万 m^3、6.87 万 m^3、9.00 万 m^3 和 10.37 万 m^3，均小于其设计 50 年一遇洪水标准的洪量。表 2-45 表明，在不提高骨干坝单坝防洪标准的前提下，上游合理布设中小型淤地坝可以拦蓄部分洪水，减缓骨干坝的防洪压力，也即在不加高扩容的情况下，依靠串联坝系分段分层拦蓄洪水的级联效应达到提高坝系防洪能力的目的。

表 2-45　王茂沟 1 号坝在坝系不同结构情况下的防洪演算结果　（单位：万 m^3）

洪水标准	AI	AI_1	AI_2	AI_3	AI_4	AI_5	AI_6	AI_7	AI_8	AI_9
50 年一遇	12.69	11.56	10.45	9.27	9.1	7.9	7.63	7.35	6.59	5.68
100 年一遇	15.35	13.99	12.65	11.22	11.01	9.56	9.23	8.89	7.97	6.87
300 年一遇	20.10	18.32	16.57	14.7	14.43	12.53	13.88	11.65	10.45	9.00
500 年一遇	23.17	21.12	19.1	16.95	16.63	14.44	13.94	13.43	12.04	10.37

2.3.3.3　王茂沟小流域不同坝系结构组合拦沙级联效应

合理的坝系布局可以尽快实现小流域水沙淤积的相对平衡，并最终实现流域内天然降水的完全内部消化，侵蚀泥沙的彻底拦截。既避免洪水对下游区域造成安全威胁，又可防止侵蚀泥沙进入下游河道，截留沉积的泥沙淤地后成为重要的生产用地，产生的经济效益又成为坝系可持续发展的动力和物质保障。

小流域坝系的防洪安全主要在于骨干坝的洪水拦蓄能力，因此，对于一个布局合理的小流域坝系来说，处于控制性地段的骨干坝的拦蓄能力至关重要。而骨干坝的持续拦蓄洪水泥沙能力除取决于其自身库容大小外，也依赖于其上游坝库群的拦蓄能力，上游合理的坝库建设，可以实现上下游坝库、干支沟之间的相互配合、联合运作、分工协作，充分发挥单元坝系蓄洪、拦沙、淤地、生产综合功能和效益。

根据王茂沟小流域沟道分布特征和控制性坝库在主沟道的分布，将坝系自上而下进行分段，划分为 3 个控制区间，分别为：关地沟 1 号坝、王茂沟 2 号坝和王茂沟 1 号坝，控制区间分别为 1.32 km^2、2.81 km^2 和 2.62 km^2。首先对关地沟 1 号坝（坝 AC）控制区间还原成未建坝的初始状态，然后在布设控制坝 AC 的基础上，在其上游不同位置布设不同数量的中小型坝，推演在区间土壤侵蚀模数不变、坝系组合不同的情况下，控制坝 AC 拦截泥沙的量，通过其上游串联坝库对该控制坝淤积量、淤积年限的影响，揭示坝库群相互之间联合运用、协调拦蓄对单元坝系蓄洪拦沙的级联效应。计算方法如下：

$$V_{控制} = V_{总拦} - \sum_{i=1}^{n} V_i \quad (i = 1, 2, \cdots, n) \tag{2-9}$$

$$V_{控制} = \sum V_i / x_{控制} \tag{2-10}$$

$$y_{淤积} = \frac{V_{控制总}}{\overline{V}_{控制}} \tag{2-11}$$

$$y_{剩余} = \frac{V_{控制剩余}}{\overline{V}_{控制}} \tag{2-12}$$

关地沟 1 号坝（坝 AC）控制区域位于王茂沟小流域主沟上游沟段，控制面积 1.32 km^2，作为Ⅱ级支沟的控制性坝库工程，对上游集水区域来水来沙的拦蓄起着决定性作用，蓄洪拦沙能力大小不仅决定着区域水沙的流失与否，也影响着下游坝库的运行安全问题。该坝蓄洪拦沙能力除取决于自身库容大小和上游区域的洪量模数、侵蚀模数外，也与上游坝库的布设状况有关，最终体现在该串联坝系中各坝间相互协作保护、联合运用上。

如表 2-46 所示，在坝 AC 上游没有坝库情况下，经过 44 年的运行，控制区域内侵蚀泥沙均被拦截在坝 AC 内，总量达 23.07 万 m^3，占总库容的 78%，即将淤满而失去防洪能力；当上游增建坝 A，形成 AC+A 的坝系组合后，坝 AC 仅淤积 16.57 万 m^3，占总库容的 56%，使淤积年限延长 19 年。当上游增建坝 B，形成 AC+A/B 的坝系组合后，坝 AC 拦沙 13.37 万 m^3，占总库容的 45%，淤积年限延长 16 年。当上游增建坝 AB，形成 AC+A/B/AB 的坝系组合后，坝 AC 拦沙 11.97 万 m^3，占总库容的 41%，淤积年限延长 10 年。当上游继续增建坝 C，形成 AC+A/B/AB/C 的坝系组合后，也即当前的现状坝系组合，坝 AC 拦沙 10.57 万 m^3，占总库容的 36%，淤积年限延长 13 年。

表 2-46　关地沟 1 号坝区间不同坝系结构组合拦沙级联特征

单坝	库容（万 m^3）	已淤库容（万 m^3）	坝系结构组合			
			AC_0	AC_1	AC_2	AC_3
A	13.6	6.5				
B	3.2	3.2	3.2			
AB	1.4	1.4	1.4	1.4		
C	1.4	1.4	1.4	1.4	1.4	
AC	29.4	10.57	10.57	10.57	10.57	10.57
总拦泥量（万 m^3）	49.1	23.07	16.57	13.37	11.97	10.57
比例(%)		78	56	45	41	36
淤积年限(年)		49	68	84	94	107
剩余年限(年)		5	24	40	50	63

王茂沟 2 号坝(坝 AD)位于小流域主沟中游沟段,控制面积 2.81 km^2,作为控制性骨干坝,对沟道水沙传递起着承上启下的作用,当上游坝系水沙超出拦蓄能力而下泄时,不但要拦蓄上游坝下泄的水沙,还要对本坝控制区间的水沙尽可能地做到全拦全蓄,以防止本坝区间水沙的流失,同时,拦蓄能力也影响着下游坝库的运行安全问题。因此,该坝蓄洪拦沙能力除取决于自身库容大小和控制区域的洪量模数、侵蚀模数外,也要合理布设上游坝库,依靠各坝间相互协作保护、联合运用,以最大程度地拦蓄水沙。

当上游无坝时,坝 AD 将拦蓄坝控区间全部泥沙,经过 40 年运行,坝内淤积泥沙将达到 60.54 万 m^3,占总库容的 57%,当前剩余淤积年限为 28 年。当上游依次增加坝 D_1、D_2、E_1、E_2、DE 时,该单元坝系组合依次为 AD+D_1、AD+D_1/D_2、AD+D_1/D_2/E_1 和 AD+D_1/D_2/E_1/E_2、AD+D_1/D_2/E_1/E_2/DE,在各坝系组合情况下,坝 AD 内将分别拦截泥沙 58.54 万 m^3、54.89 万 m^3、44.96 万 m^3、40.08 万 m^3 和 28.08 万 m^3,入库泥沙依次减少;占总库容的比例分别为 56%、52%、43%、38%和 27%,逐渐降低;随着上游淤地坝数量的增加,拦截泥沙的量相应增加,分担了对下游坝的淤积压力,所以,进入骨干坝的泥沙相应减少,也就延长了骨干坝的淤满时间,分别延长 2 年、4 年、15 年、10 年和 39 年。由此,则可以使得骨干坝可以保留相对比较大的滞洪库容,以防范超标洪水造成漫坝危险,详见表 2-47。

王茂沟 1 号坝(坝 AI)位于小流域主沟下游沟段沟口位置,是整个小流域洪水泥沙的出口,控制面积 2.62 km^2,建于 1953 年,建成至今已运行 46 年,为该小流域坝系建设最早的坝控制性大坝。建坝伊始,上游没有其他坝库作为补充,坝控区域泥沙全部进入该坝,库容急剧损失。当上游增建淤地坝后,进入该坝的泥沙减少,淤积速率减缓,即便如此,截至目前已淤积泥沙 59.20 万 m^3,接近淤满状态,防洪控制能力大部丧失。但是作为流域出口的控制性骨干坝,小流域水沙向下一级沟道汇集的必经之道,如果要保障泥沙不因下泄而对下游造成防洪压力,就需要其持续保有足够的库容拦蓄上游的来水来沙。因此,除通过加高坝体扩容和改建溢洪道及时排泄超标洪水外,在其上游增建中小型淤地坝,形成布局合理、结构优化的坝系单元,依靠各坝间相互协作保护、联合运用,将水沙就地拦蓄,分散减弱洪水汇集后的势能,从而减少该坝的防洪压力,更为科学合理,更有利于保障坝系安全。

表 2-47　王茂沟 2 号坝控制区间不同坝系结构组合拦沙级联特征

单坝	库容(万 m^3)	已淤(万 m^3)	坝系结构组合				
			AD_0	AD_1	AD_2	AD_3	AD_4
D_1	2	2					
D_2	4.51	3.65	3.65				
E_1	18.5	9.93	9.93	9.93			
E_2	5.07	4.88	4.88	4.88	4.88		
DE	18.5	12.0	12.0	12.0	12.0	12.0	
AD	105.4	28.08	28.08	28.08	28.08	28.08	28.08
总拦泥量(万 m^3)	153.98	60.54	58.54	54.89	44.96	40.08	28.08
比例(%)		57	56	52	43	38	27
淤积年限(年)		61	63	67	82	92	131
剩余年限(年)		19	21	25	39	49	86

当上游无坝时,坝 AI 将拦蓄坝控区间全部泥沙,经过 46 年运行,坝内淤积泥沙等于现状单元坝系内全部单坝拦蓄的泥沙量,为 88.68 万 m^3,占总库容的 127%,已经超出该坝的库容。自 1956 年起,在坝 AI 上游增建中小型淤地坝,假设自沟掌开始,依次分别增建坝 G_1、G_2、G_3、G_4,则相应形成 AI+G_1、AI+G_1/G_2、AI+G_1/G_2/G_3、AI+G_1/G_2/G_3/G_4 共 4 种坝系组合,在此 4 种组合下,进入坝 AI 的泥沙量分别为 86.27 万 m^3、81.55 万 m^3、74.22 万 m^3、69.31 万 m^3,占总库容的比例从 124%下降到 99%,也即,仅当坝 AI 上游增建 4 座中小型坝后,分别拦截小流域的部分泥沙,才使得进入沟口控制性骨干坝的泥沙低于该坝的总库容。但由于 4 座均为小型坝,库容不大,切在沟掌处,淤积快,对坝 AI 的淤积年限延长作用不大,仍然为负值。当在上游继续增建中小型淤地坝 H_1、H_2、H_3、I_1、I_2,坝系结构组合更为复杂,形成 AI+G_1/G_2/G_3/G_4/H_1、AI+G_1/G_2/G_3/G_4/H_1/H_2、AI+G_1/G_2/G_3/G_4/H_1/H_2/H_3、AI+G_1/G_2/G_3/G_4/H_1/H_2/H_3/I_1、AI+G_1/G_2/G_3/G_4/H_1/H_2/H_3/I_1/I_2 共 5 种单元坝系组合,相应于 5 种不同的组合,上游拦截泥沙的量不同,进入坝 AI 的泥沙量也不同,分别为 67.19 万 m^3、66.40 万 m^3、63.74 万 m^3、62.17 万 m^3 和 59.20 万 m^3,占库容的比例分别为 96%、95%、91%、89%和 85%,延长淤积年限分别为 2 年、2 年、4 年、6 年和 8 年,详见表 2-48。

对比王茂沟小流域主沟道 3 座控制性大坝与该坝上游坝间的关系可知,在控制性坝库工程控制区域面积一定的前提下,其上游中小型坝的密度越大或总库容越大,则截留的洪水泥沙占区域侵蚀泥沙量的比例越大,相应进入下游控制性骨干坝的洪水和泥沙就越少,淤积的就越慢,淤积期就越长,剩余库容越大,防洪保安能力也就越强。因此,在进行小流域坝系布局规划和建坝时序安排上,要科学合理地设置骨干坝上游中小型坝的密度、坝址,选取合理的库容和防洪标准,使得各坝的蓄洪拦沙能力得到最充分的发挥,同时可以达到快速适宜的淤地速度,以尽快投入生产。通过各坝之间相互协调、联合运用、彼此互补,实现对洪水、泥沙、坝地的“轮蓄、轮拦、轮种”,促使坝系尽快达到相对稳定状态,并实现坝系安全、高效、高产,最终发挥其生态效益、经济效益和社会效益。

表 2-48　王茂沟 1 号坝控制区间不同坝系结构组合拦沙级联特征

单坝	库容（万 m^3）	已淤（万 m^3）	不同结构坝系组合								
			AI	AI_1	AI_2	AI_3	AI_4	AI_5	AI_6	AI_7	AI_8
G_1	2.41	2.41									
G_2	5.92	4.72	4.72								
G_3	7.33	7.33	7.33	7.33							
G_4	15.18	4.91	4.91	4.91	4.91						
H_1	2.12	2.12	2.12	2.12	2.12	2.12					
H_2	2.64	0.79	0.79	0.79	0.79	0.79	0.79				
H_3	2.85	2.66	2.66	2.66	2.66	2.66	2.66	2.66			
I_1	2	1.57	1.57	1.57	1.57	1.57	1.57	1.57	1.57		
I_2	5.55	2.97	2.97	2.97	2.97	2.97	2.97	2.97	2.97	2.97	
AI	69.83	59.2	59.2	59.2	59.2	59.2	59.2	59.2	59.2	59.2	59.2
总拦泥量（万 m^3）	88.68	86.27	81.55	74.22	69.31	67.19	66.4	63.74	62.17	59.2	
比例(%)		127	124	117	106	99	96	95	91	89	85
淤积年限（年）		32	32	34	38	40	42	42	44	45	47
剩余年限（年）		−10	−9	−7	−3	0	2	2	4	6	8

2.4　淤地坝拦沙作用分析

2.4.1　典型淤地坝及取样点选取

在对韭园沟淤地坝调查的基础上,根据淤地坝泥沙淤积的一般过程,为满足本书研究的目的,在典型淤地坝的选取过程中,应遵循以下原则:

(1)典型淤地坝选取应涵盖各种类型淤地坝,例如无排水工程的淤地坝、有排水工程的淤地坝(包括卧管排水和竖井排水)、水毁坝、已淤满的淤地坝。

(2)选取有一定淤积年限的坝,以避免由于淤积年限太短,淤积层少,而影响其代表性、典型性。

(3)在分析淤地坝淤粗排细的效果时,要尽量选取不受上游坝影响的淤地坝,这样淤地坝坝内淤积的泥沙主要来源应该是其坝控面积上降雨径流冲刷该坝控制流域面积上的坡耕地、荒坡及沟谷陡崖等上的表层土壤及其更深层的土壤。

根据韭园沟流域淤地坝的全面调查以及对淤地坝的选取原则，选取西雁沟村前坝、马张嘴坝、范山大坝、碳阳沟坝、黄柏沟 2 号坝、埝堰沟 4 号坝、死地嘴 2 号坝、关地沟 1 号坝作为探坑分层取样法研究的对象；选取马连沟骨干坝、劳里峁坝、魏家焉 3 号坝、何家沟 2 号坝、何家沟 1 号坝、碳阳沟坝、西雁沟沟口坝、西雁沟村前坝、郝家梁骨干坝、范山大坝、马张嘴坝、背塔沟坝、关地沟 2 号坝、关地沟 3 号坝、关地沟 4 号坝作为钻孔取样法研究的对象。

韭园沟流域取样淤地坝具体情况见表 2-49。取样淤地坝布局见图 2-10。

表 2-49　韭园沟流域取样淤地坝具体情况

坝名	流域单元	坝型	取样点个数	流域控制面积（km^2）	排水工程	受上游坝影响否	取样方法
西雁沟村前坝	西雁沟	骨干坝	3	1.81	卧管	是	探坑分层取样
马张嘴坝	李家寨	骨干坝	3	0.99	竖井	否	
范山大坝	李家寨	中型坝	4	2.16	竖井	否	
碳阳沟坝	西雁沟	缺口坝	1	0.29	无	否	
黄柏沟 2 号坝	王茂沟	小型坝	4	0.17	竖井	否	
埝堰沟 4 号坝	王茂沟	小型坝	3	0.21	无	否	
死地嘴 2 号坝	王茂沟	小型坝	4	0.59	竖井	否	
关地沟 1 号坝	王茂沟	中型坝	4	1.11	竖井	是	
魏家焉 3 号坝	何家沟	小型坝	2	0.85	无	否	钻孔取样
何家沟 2 号坝	何家沟	骨干坝	2	1.69	竖井	是	
何家沟 1 号坝	何家沟	小型坝	2	0.11	无	否	
劳里峁大坝	马连沟	中型坝	3	1.36	卧管	是	
马连沟骨干坝	韭园沟主沟	骨干坝	2	2.43	卧管	是	
郝家梁大坝	西雁沟	骨干坝	2	2.69	卧管	是	
西雁沟沟口坝	西雁沟	骨干坝	1	2.43	溢洪道	是	
西雁沟村前坝	西雁沟	中型坝	2	1.81	卧管	是	
碳阳沟坝	西雁沟	缺口坝	1	0.29	无	否	
马张嘴坝	李家寨	骨干坝	3	0.99	卧管	否	
范山大坝	李家寨	中型坝	3	2.16	竖井	否	
背塔沟坝	王茂沟	小型坝	3	0.19	无	否	
关地沟 3 号坝	王茂沟	小型坝	3	0.12	竖井	否	
关地沟 2 号坝	王茂沟	小型坝	2	0.20	无	否	
关地沟 4 号坝	王茂沟	中型坝	1	0.41	竖井	否	

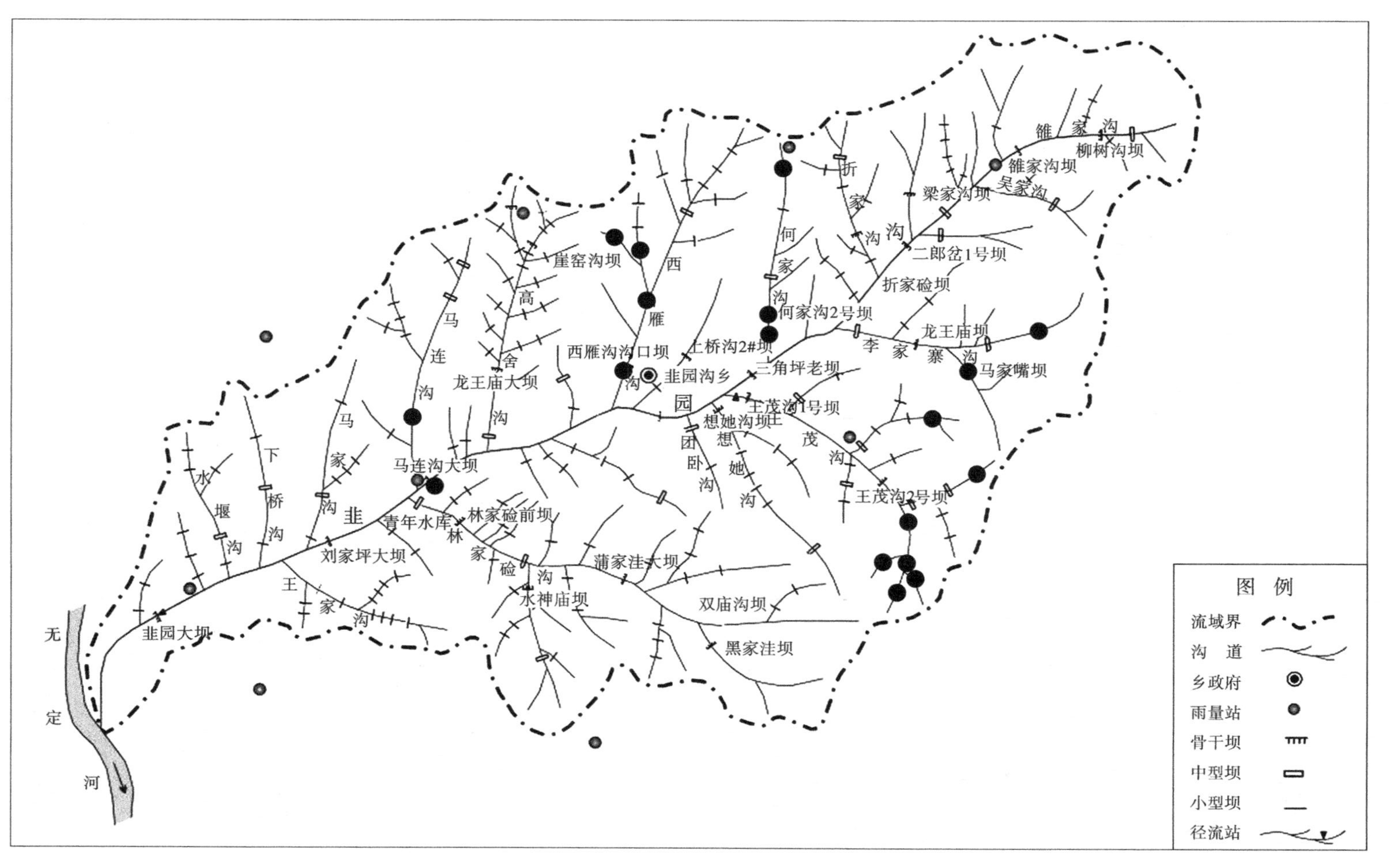

图 2-10　韭园沟流域取样淤地坝布局

样点布设一般原则为:沿坝地中泓线(避开溢洪道)在坝地上、中、下游布设 3 个取样点。对于坝地面积较小的淤地坝,取样点只在坝地上、下游布设 2 个取样点。

2.4.2 取样方法

根据淤地坝坝地泥沙沉积原理可知,坝地淤积物主要来自坝控流域内坡耕地、荒坡及沟谷陡崖等的表层土壤,因受暴雨冲刷,地表径流挟带大量泥沙顺坡流下,被拦蓄汇聚在坝内,经过土粒沉降落淤而成。每一次洪水泥沙沉积旋回都是土粒由粗至细逐级沉降,一般是第一层为沙层,第二层为黄土层,第三层为灰棕色的胶泥层,第四层为红胶土层,最后为含有机质特别丰富的腐殖质层。但是每次洪水不一定能规律形成完整的五层。每次洪水形成的坝地的质地和层次多少及土层厚薄等主要受暴雨强度,降水量,流域内的地貌、坡面覆盖物、土壤质地、治理程度等因素的影响。

根据坝内泥沙落淤的一般过程,目前对坝内淤积物主要通过探坑分层取样、钻孔取样、单次降雨取样 3 种方法来进行采样,取样后的样品可通过激光粒度仪进行颗粒级配分析。

探坑分层取样法即在淤地坝内挖 3~5 m 深的探坑,当探坑剖面中上部看到比较明显或者较大沉积旋回时,在黏土层和粉沙层分别进行取样,每层取样 1 个,并量测淤积物分层厚度,每个取样样品质量根据分层厚度而定。

优点:探坑内可以看到暴雨强度或洪量相近的洪水在淤地坝中所形成的沉积旋回;操作性强。

缺点:探坑虽能看到暴雨强度或洪量相近的洪水在淤地坝中所形成的泥沙沉积旋回,但是坝地内泥沙沉积旋回和场次洪水不能准确一一对应;探坑分层法实施时较费力。

钻孔取样法是通过可调节长度的洛阳铲在坝地内同一取样点取深 0.5 m、1.0 m、1.5 m 分别提取样品,每个取样样品质量为 0.5 kg。

优点:洛阳铲进行钻孔取样操作性强,省时省力。

缺点:钻孔取样法所取样品为淤地坝该取深下坝地内淤积物的混合物,钻孔取样不能看到暴雨强度或洪量相近的洪水在淤地坝中所形成的泥沙沉积旋回,坝地内泥沙沉积旋回无法和场次洪水相对应。

探坑分层取样法即在坝地前、坝尾,各挖 1~1.5 m 深的探坑,在探坑剖面对黏土层和粉沙层分别进行取样,每层取样 1 个,并量测淤积物分层厚度。钻孔取样法取样即采用可调节杆长且杆总长度为 3 m 的洛阳铲,沿坝地中泓线在上、中、下游各布设一个取样点,每个取样点取深 1.0~1.5 m,每 0.5 m 取样一次。

取样样品均装入塑料袋中封口,贴上标签,写上坝号、取样深度、取样位置等,后装入准备好待运的纸箱中。

所取土样经风干、充分研磨、剔除草根等,然后进行颗粒级配分析试验,样品颗粒级配分析由黄河水利科学研究院工力所实验室采用激光粒度分析仪进行。

2.4.3 韭园沟流域淤积物粒径空间分布规律

第一:垂直剖面上。

在垂直剖面上,淤地坝坝内淤积泥沙总体表现为粒径较粗的粉土层与粒径较细的黏土层相间分布,具有一定沉积层理,特别是在流域控制面积较大或者排水不畅的淤地坝坝前,厚薄不一的粉土层与黏土层相间分布更加明显(见图2-11)。

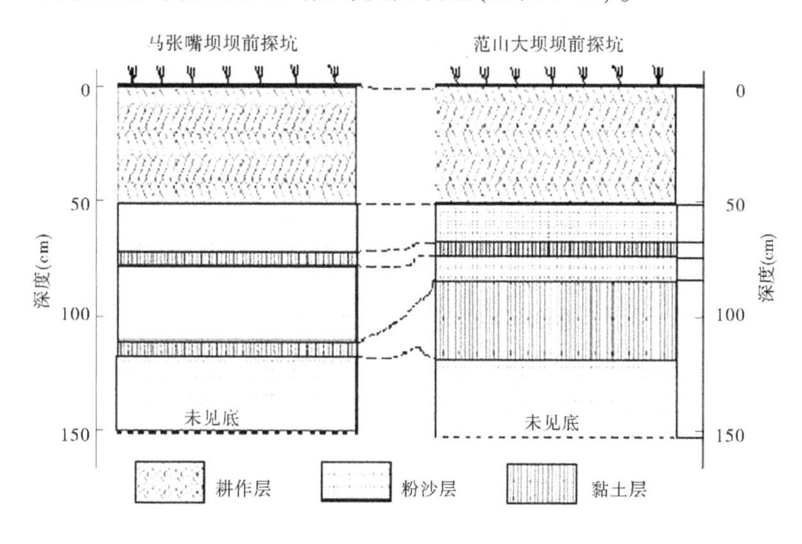

图2-11　典型淤地坝泥沙沉积垂直剖面

第二:水平方向上。

野外8座淤地坝探坑显示:坝尾(坝上游)淤积物一般以粉土为主,在坝尾探坑的垂直剖面上很少见黏土层,向坝前(坝下游)逐渐见黏土层,且距坝前越近黏土层越厚,至坝前,粉土层与厚薄不一的黏土层相间分布更加明显,即在水平方向上8座淤地坝淤积泥沙粒径均表现为单坝坝尾(坝上游)较粗,坝前(坝下游)较细。

在洛阳铲钻孔取样的13座淤地坝中,粒径大于0.05 mm粗泥沙含量在坝尾平均为32.0%,而坝前平均为21.1%,二者差10.9%。

淤地坝对泥沙沉积在水平方向上的分选作用在某些单次洪水形成的淤积层中表现更加明显。位于王茂沟的黄柏沟坝为一小型淤地坝,竖井排水,控制面积0.17 km^2,淤地面积0.61 hm^2,现已淤满,淤泥面与排水口持平、低于坝顶1.5 m。野外用肉眼观测探坑垂直剖面未见明显的黏土层,但是其表层可见最近一次洪水形成的淤积层,厚5~10 cm。分别在距黄柏沟坝285 m(坝尾)、190m(坝中)、102 m(坝中)、5 m(坝前)处取样4个,对应取样点标号分别为14、15、16、17,取样分析结果见表2-50,表2-50显示4个取样点>0.05 mm颗粒级配分别为40.2%、25.4%、22%、18%,这表明淤地坝坝地内淤积物从坝尾(坝上游)到坝前(坝下游)粒径大于0.050 mm粗泥沙量逐渐减少。

处于上下游的淤地坝则表现为:上游坝拦粗,下游坝淤细。

其中,位于西雁沟的西雁沟村前坝,该坝坝前探坑垂直剖面上可见20~30 cm的黏土层与黄土(粉土)层相间分布。越向坝尾,黏土厚度越小。该坝黏土层明显比相似淤地坝的厚,主要原因是:该坝受上游淤地坝影响,上游淤地坝已经淤满,且溢洪道与坝地高度基本一致,在洪水时期,因洪水在较为宽阔的上游淤地坝坝地上漫流,洪水挟带的泥沙中较粗的部分首先沉积在其上游坝地,较细的部分被洪水带往该坝;尽管该坝有放水工程,但其卧管七级以下未开启,开孔高度距离现淤泥面 4.2 m,所以该坝所拦蓄的挟沙洪水,可在该坝坝前停留较长时间,洪水中粒径较细的泥沙有更多沉积时间。从表 2-50 也可看出,由于受上游坝的影响,西雁沟村前坝中淤积物样品>0.05 mm 颗粒级配比例基本小于其他各坝。

表 2-50 探坑取样的 8 座淤地坝淤积物颗粒级配分析

淤地坝名称	样品编号	颗粒级配(%)			
		<0.001 mm	0.001~0.025 mm	0.025~0.050 mm	>0.050 mm
范山大坝	19	10.3	25.7	43.5	20.5
	20	9	27	44.8	19.2
	21	10.8	32.1	38.8	18.3
	22	9.1	27.6	43.9	19.4
西雁沟沟口坝	27	10.9	51.4	27.3	10.5
	28	9.4	30	47.8	12.8
马张嘴坝	23	8.6	30.8	40.6	21.0
	24	8.8	25.4	45.3	20.5
	25	9.4	30	40.8	19.8
碳阳沟坝	29	8.9	32.2	40.9	18.0
关地沟 2 号坝	4	8.8	48.4	27.3	15.6
	2	9.1	42.3	32.4	16.2
	1	8.8	41.1	31	19.2
埝堰沟 4 号坝	11	8.6	27.4	29.2	34.8
	12	9.1	33.5	34.2	23.2
	13	9.8	53.4	19.6	17.2
黄柏沟 2 号坝	14	9.1	23.5	27.2	40.2
	15	10.3	36.7	27.6	25.4
	16	10.3	32.6	35.1	22.0
	17	9.1	26.9	46	18.0
死地嘴 2 号坝	7	8.9	40.7	32.9	17.5
	8	8.6	30.1	31.9	29.4
	9	8.6	24.7	35.7	31.0
平均		9.3	33.6	35.8	21.3

2.4.4　韭园沟流域典型淤地坝拦减粗泥沙作用分析

钻孔取样的 15 座淤地坝颗分结果见表 2-51，除去碳阳沟坝(缺口坝)、西雁沟沟口坝(已淤满)，表 2-51 中其余 13 座淤地坝，坝前泥沙平均粒径均小于坝尾。13 座淤地坝淤积泥沙的平均颗粒级配曲线(见图 2-12)，也表明坝尾(坝上游)淤积泥沙平均粒径较坝前(坝下游)粗。

表 2-51　钻孔取样的 15 座淤地坝淤积物颗粒级配分析

流域	坝名	位置	取深(m)	小于某粒径(mm)的土质量百分数(%)			
				<0.001	0.001~0.025	0.025~0.050	>0.050
西雁沟流域	西雁沟村前坝	坝前	0.5	4.95	59.80	24.85	10.40
			1.0	4.48	51.39	25.26	18.88
			平均	4.71	55.59	25.06	14.64
		坝尾	0.5	2.70	29.05	32.81	35.45
			1.0	3.59	35.87	32.72	27.81
			平均	3.14	32.46	32.77	31.63
	郝家梁坝	坝前	0.5	2.95	32.76	29.59	34.71
			1.0	3.08	33.27	30.83	32.82
			平均	3.02	33.01	30.21	33.76
		坝尾	0.5	3.25	29.04	26.98	40.73
			1.0	2.99	30.51	29.58	36.92
			平均	3.12	29.77	28.28	38.83
	西雁沟沟口坝	坝前	0.5	3.97	47.49	29.37	19.17
			1.0	3.42	34.27	32.23	30.09
			平均	3.69	40.88	30.80	24.63
	碳阳沟坝	断面	黏土层	5.65	79.45	11.39	3.52
			沙土层	2.48	24.91	31.61	41.01
		坝前	1.0	3.50	36.24	31.92	28.34
韭园沟主沟	马连沟坝	坝前	0.5	3.31	34.03	28.84	33.82
			1.0	3.24	32.20	31.62	32.95
			平均	3.27	33.12	30.23	33.38
		坝尾	0.5	2.34	21.56	33.95	42.16
			1.0	3.49	32.10	27.35	37.06
			平均	2.92	26.83	30.65	39.61

续表 2-51

流域	坝名	位置	取深(m)	小于某粒径(mm)的土质量百分数(%)			
				<0.001	0.001~0.025	0.025~0.050	>0.050
马连沟流域	劳里峁坝	坝前	0.5	3.23	38.25	31.82	26.70
			1.0	3.49	47.58	28.91	20.03
			平均	3.36	42.91	30.36	23.36
		坝尾	0.5	3.67	40.07	29.14	27.13
			1.0	3.38	38.77	29.74	28.12
			平均	3.52	39.42	29.44	27.62
李家寨流域	马张嘴坝	坝前	0.5	4.12	48.87	28.26	18.74
			1.0	4.18	45.94	29.01	20.87
			平均	4.15	47.41	28.64	19.81
		坝中	0.5	3.75	41.78	28.40	26.07
			1.0	3.24	35.18	31.53	30.05
			平均	3.49	38.48	29.96	28.06
		坝尾	0.5	3.34	37.81	29.89	28.96
			1.0	3.08	32.81	31.10	33.01
			平均	3.21	35.31	30.50	30.99
	范山大坝	坝前	0.5	3.57	38.92	32.43	25.08
			1.0	5.07	58.59	21.78	14.56
			平均	4.32	48.75	27.11	19.82
		坝中	0.5	3.82	43.48	30.14	22.57
			1.0	4.31	47.40	28.17	20.12
			平均	4.06	45.44	29.15	21.34
		坝尾	0.5	4.01	45.74	28.19	22.07
			1.0	3.96	40.72	29.02	26.29
			平均	3.98	43.23	28.61	24.18

续表 2-51

流域	坝名	位置	取深(m)	小于某粒径(mm)的土质量百分数(%)			
				<0.001	0.001~0.025	0.025~0.050	>0.050
王茂沟流域	背塔沟坝	坝前	0.5	3.74	53.12	29.24	13.91
			1.0	5.02	62.15	22.04	10.79
			平均	4.38	57.63	25.64	12.35
		坝中	0.5	3.66	42.91	33.18	20.25
			1.0	3.75	40.04	30.87	25.35
			平均	3.70	41.47	32.02	22.80
		坝尾	0.5	3.25	34.56	31.99	30.20
			1.0	3.08	30.62	34.73	31.57
			平均	3.17	32.59	33.36	30.88
	关地沟3号坝	坝前	0.5	4.08	56.05	26.60	13.28
			1.0	4.73	64.46	22.66	8.14
			平均	4.40	60.25	24.63	10.71
		坝中	0.5	3.79	47.05	29.31	19.86
			1.0	3.57	40.12	30.00	26.30
			平均	3.68	43.58	29.66	23.08
		坝尾	0.5	3.11	32.76	33.37	30.76
			1.0	2.91	28.08	33.49	35.53
			平均	3.01	30.42	33.43	33.15
	关地沟2号坝	坝前	0.5	4.49	54.78	21.91	18.82
			1.0	4.51	56.98	25.86	12.65
			平均	4.50	55.88	23.88	15.74
		坝尾	0.5	4.43	44.83	28.13	22.61
			1.0	2.96	29.22	30.84	36.99
			平均	3.69	37.03	29.48	29.80
	关地沟4号坝	坝前	0.5	4.12	55.61	27.68	12.59
			1.0	4.29	57.52	25.43	12.76
			平均	4.21	56.57	26.55	12.67

续表 2-51

流域	坝名	位置	取深(m)	小于某粒径(mm)的土质量百分数(%)			
				<0.001	0.001~0.025	0.025~0.050	>0.050
何家沟流域	魏家焉3号坝	坝前	0.5	3.37	32.11	28.67	35.85
			1.0	3.98	40.33	28.52	27.17
			平均	3.67	36.22	28.60	31.51
		坝尾	0.5	3.21	32.15	28.42	36.23
			1.0	3.41	30.05	28.12	38.42
			平均	3.31	31.10	28.27	37.33
	何家沟2号坝	坝前	0.5	5.49	66.54	18.51	9.46
			1.0	3.84	43.50	31.64	21.02
			平均	4.67	55.02	25.08	15.24
		坝尾	0.5	4.58	50.12	25.51	19.80
			1.0	3.03	31.14	31.09	34.75
			平均	3.80	40.63	28.30	27.27
	何家沟1号坝	坝前	0.5	3.68	43.94	28.39	24.00
			1.0	4.11	38.01	27.57	30.31
			平均	3.89	40.97	27.98	27.15
		坝尾	0.5	3.10	32.49	30.00	34.42
			1.0	3.65	36.30	28.55	31.49
			平均	3.38	34.39	29.27	32.96

按照工程类型，淤地坝主要分为无排水工程和有排水工程两大类，有排水工程的淤地坝主要又分为卧管和竖井排水两大类。由于有排水工程和无排水工程的淤地坝坝尾对于上游洪水所挟带泥沙的分选差别不是很大，所以对于不同类型的淤地坝淤积泥沙粒径分析时只对坝前进行分析。

无排水工程的淤地坝坝前黏土层厚度较大。埝堰沟4号坝属于典型的全拦全蓄的“闷葫芦”坝，通过观测野外采样的3个探坑，坝中、坝尾2个探坑以黄色粉土为主，未见明显的分层现象，而在坝前探坑可见厚约20 cm的红色黏土层与黄色粉土层相间分布；与其流域控制面积相近的有放水工程的黄柏沟2号坝坝前探坑未见黏土层。根据表2-51两坝相同位置取样点淤积物样品>0.05 mm颗粒级配比例，黄柏沟2号坝均大于埝堰沟4

号坝,可见黄柏沟 2 号坝较埝堰沟 4 号坝坝内淤积泥沙粒径总体上粗。

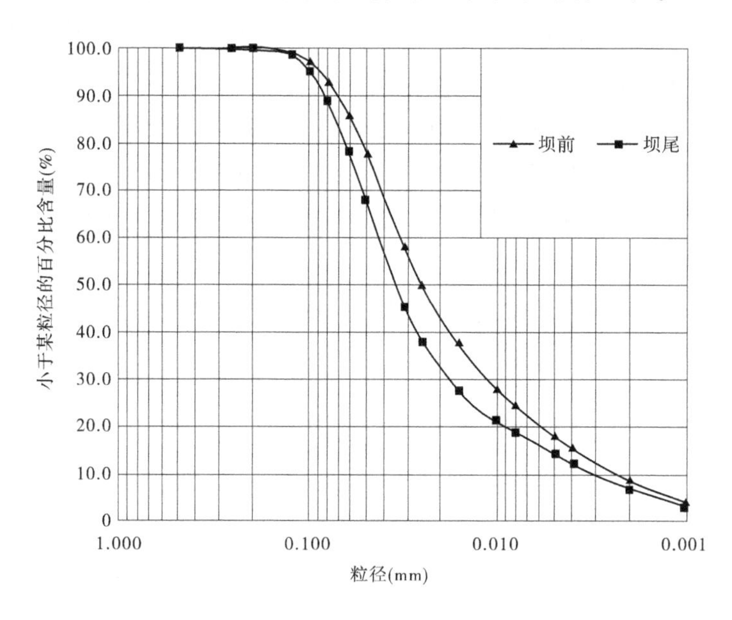

图 2-12　钻孔取样的 13 座淤地坝坝前和坝尾泥沙平均颗粒级配曲线

有排水工程和无排水工程淤地坝坝前泥沙平均颗粒级配曲线(见图 2-13),表明有排水工程淤地坝坝前淤积泥沙粒径较无排水工程淤地坝粗。

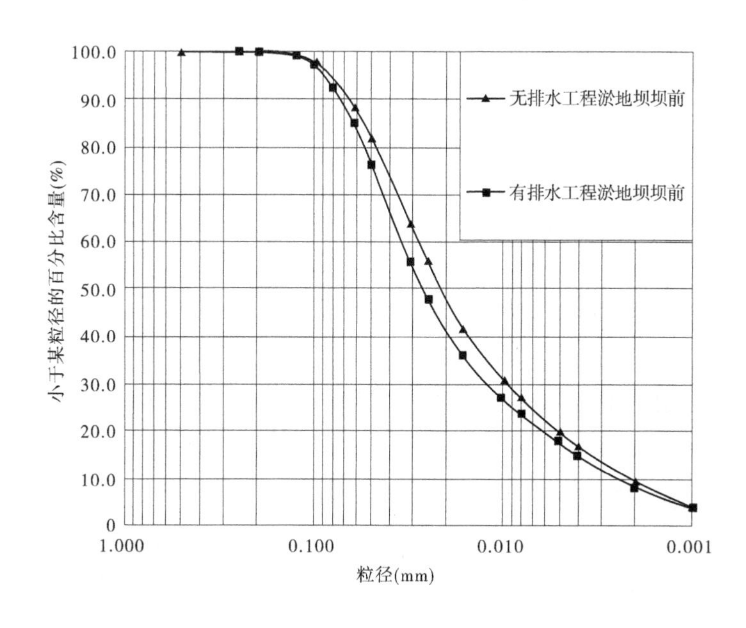

图 2-13　有排水工程和无排水工程淤地坝坝前泥沙平均颗粒级配曲线

排水工程相同的淤地坝。流域控制面积大的淤地坝较控制面积小的淤地坝坝内淤积泥沙粒径细。其中,位于李家寨沟的范山大坝和马张嘴坝,放水工程均为竖井,放水口大小也基本一致,其控制流域面积分别为 2.16 km^2 和 0.99 km^2,前者的流域控制面积是后者的 2.2 倍,通过对比两坝坝前探坑可发现两坝的淤积物组成明显不同(见图 2-11)。两坝在厚约 50 cm 的耕作层下均可以见到黄色粉沙层和红色黏土层相间分布,但前者红色黏土层总厚度为 38 cm,而后者为 8 cm,根据表 2-51,两坝相同位置取样点淤积物样品>0.05 mm 颗粒级配比例,范山大坝均小于马张嘴坝,初步可见范山大坝较马张嘴坝坝内淤积泥沙粒径总体上细。

排水工程不同的淤地坝坝前泥沙平均颗粒级配曲线(见图 2-14),表明卧管排水淤地坝淤积坝前泥沙粒径较竖井排水淤地坝粗。

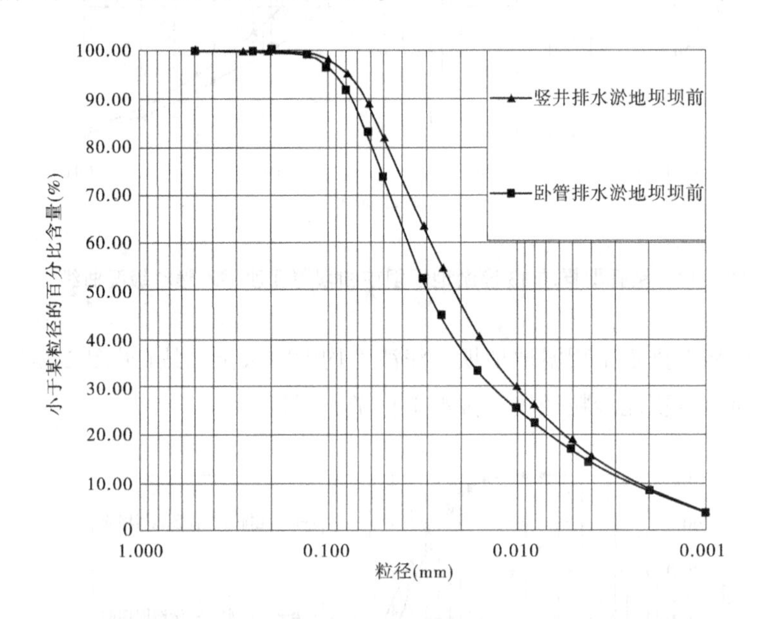

图 2-14　排水工程不同的淤地坝坝前泥沙平均颗粒级配曲线

除上述坝型外,还存在缺口坝和已淤满的淤地坝。

第一:缺口坝。

碳阳沟坝是一缺口坝,在碳阳沟坝断面取样,观测到断面有明显分层,取一次暴雨淤积形成的淤积物,表现为黏土层在上,厚 1 cm,粉土层在下,厚 40 cm。从剖面上观测到邻近两场洪水形成的淤积物,淤积厚度不一,总体都呈现黏土层在上,沙土层在下。

图 2-15 是碳阳沟坝坝前泥沙和其控制流域范围内上游坡面松散物质(原状土)粒径所占比例变化情况,可以看出,泥沙粒径在 0.025~0.001 mm 的泥沙所占比例,碳阳沟坝前小于原状土;泥沙粒径在 0.1~0.025 mm 的泥沙所占比例,碳阳沟坝前大于原状土;泥沙粒径在 0.25~0.1 mm 的泥沙所占比例,碳阳沟坝前小于原状土。这表明碳阳沟缺口坝,在坝前,对粒径在 0.1~0.025 mm 的泥沙具有一定的分选作用。

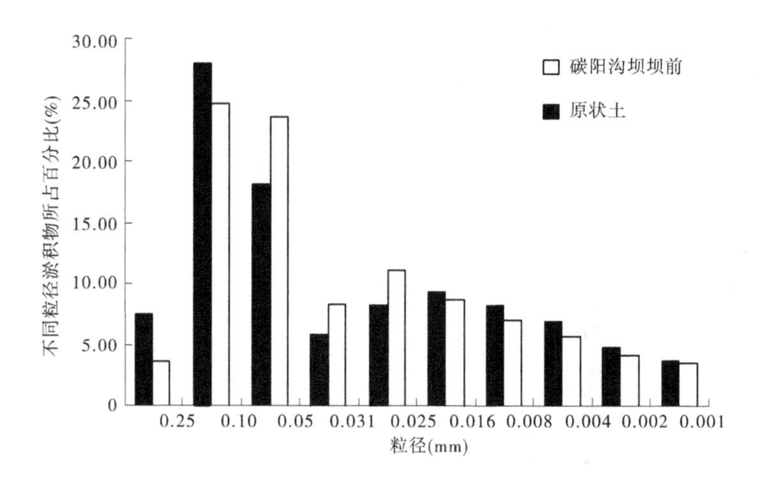

图 2-15　碳阳沟坝和原状土不同粒径泥沙所占比例变化情况

第二：已淤满的坝。

西雁沟沟口坝是有溢洪道且已淤满的坝。在西雁沟沟口坝坝前取样后和其控制流域范围内上游坡面松散物质（原状土）进行颗粒级配分析。图 2-16 为西雁沟沟口坝和原状土泥沙颗粒级配曲线图，两曲线有重合部分，这表明西雁沟沟口坝对于上游洪水所挟带部分泥沙具有分选作用。

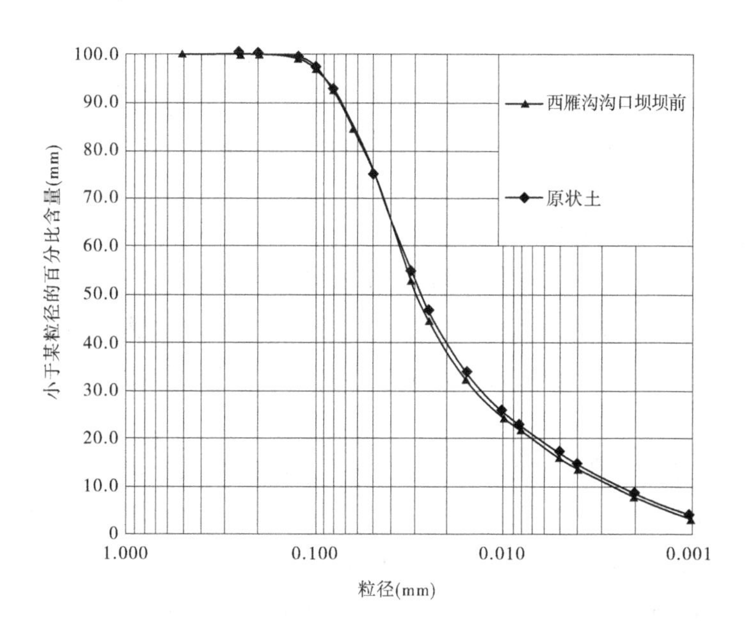

图 2-16　西雁沟沟口坝坝前和原状土泥沙颗粒级配曲线

图 2-17 是西雁沟沟口坝坝前泥沙和原状土粒径所占比例变化情况，可以看出，泥沙粒径在 0.1~0.016 mm 的泥沙所占比例，西雁沟沟口坝坝前大于原状土；泥沙粒径在 0.016~0.001 mm 和 0.25~0.1 mm 的泥沙所占比例，西雁沟沟口坝坝前小于原状土。这表明西雁沟沟口坝虽然已淤满，但是对上游来沙粒径在 0.1~0.016 mm 的泥沙具有一定的分选作用。

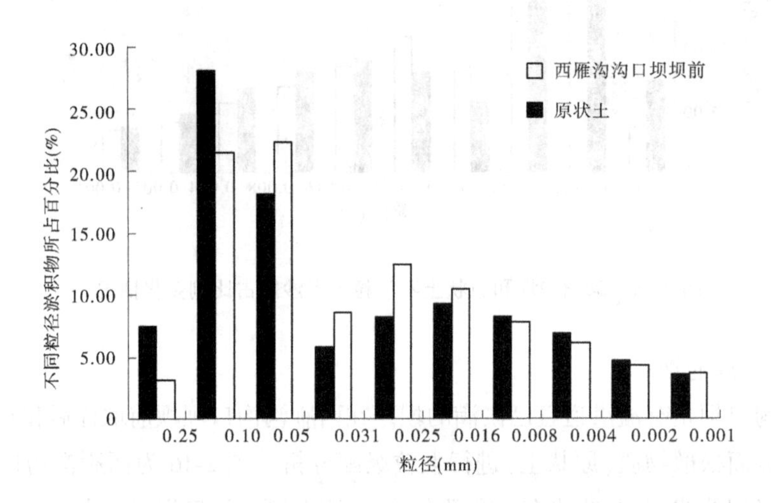

图 2-17　西雁沟沟口坝和原状土不同粒径泥沙所占比例变化情况

对钻孔取样的 15 座淤地坝控制流域范围内上游坡面松散物质(原状土)进行了取样，做了颗粒级配分析试验，结果见表 2-52。除去碳阳沟坝和西雁沟沟口坝，对其他钻孔取样的 13 座淤地坝流域控制范围内上游坡面松散物质(原状土)与对应淤地坝坝内淤积物做了颗粒级配曲线对比分析。

通过原状土与对应淤地坝坝内淤积物颗粒级配曲线对比分析得出：钻孔取样的 13 座淤地坝中有 7 座坝原状土颗粒级配曲线位于淤地坝坝内淤积物平均颗粒级配曲线上方，占 54%；有 3 座坝原状土颗粒级配曲线部分位于淤地坝坝内淤积物平均颗粒级配曲线上方，占 23%；有 3 座坝原状土颗粒级配曲线位于淤地坝坝内淤积物平均颗粒级配曲线下方，占 23%。

表 2-53 中 $d_{淤}$表示钻孔取样的 13 座淤地坝坝内淤积物粒径 $d>0.05$ mm、$d>0.1$ mm 的泥沙所占百分数的算术平均值，$d_{原}$表示钻孔取样的 13 座淤地坝控制流域范围内上游坡面松散物质(原状土) $d>0.05$ mm、$d>0.1$ mm 的泥沙所占百分数的算术平均值，从表 2-53 中可以看出，在拦截粒径大于 0.05 mm 的粗泥沙时，卧管排水的淤地坝最优。

表 2-52　韭园沟流域钻孔取样的 13 座淤地坝控制流域范围内上游原状土颗粒级配分析

流域	控制淤地坝	小于某粒径(mm)的土质量百分数(%)			
		<0.001	0.001~0.025	0.025~0.05	>0.05
李家寨	马张嘴坝	4.1	46.9	26.4	22.6
	范山大坝	4.2	47.8	26.8	21.2
何家沟	魏家焉 3 号坝	4.9	42.9	23.8	28.3
	何家沟 2 号坝	3.7	39.7	28.2	28.5
	何家沟 1 号坝	3.7	40.4	28.1	27.9
王茂沟	背塔沟坝	3.6	38.3	29.1	29.1
	关地沟 2 号坝	4.3	34.1	25.6	36.0
	关地沟 3 号坝	2.8	39.6	32.6	25.0
	关地沟 4 号坝	3.6	41.1	29.1	26.2
西雁沟	西雁沟村前坝	4.0	42.3	29.2	24.4
	郝家梁坝	3.7	41.1	28.0	27.2
韭园沟主沟	马连沟坝	2.9	37.3	31.2	28.7
马连沟	劳里峁坝	3.4	47.1	27.9	21.6
平均值		3.8	41.4	28.2	26.7

表 2-53　韭园沟流域不同类型淤地坝淤粗沙排细沙所占百分数排序

淤地坝类型	$d_{淤}$(%)		$d_{原}$(%)		$d_{淤}/d_{原}$(%)	
	d>0.05 mm	d>0.1 mm	d>0.05 mm	d>0.1 mm	d>0.05 mm	d>0.1 mm
卧管排水的淤地坝	26.0	4.4	21.9	3.5	118.7	125.7
竖井排水的淤地坝	20.7	3.5	21.2	3.5	97.6	100.0
无排水工程的淤地坝	23.0	4.2	24.8	5.5	92.7	76.4

2.5　结　论

(1)小流域坝系中的小型坝主要分布在Ⅰ、Ⅱ级沟道且主要功能是拦泥淤地,一般都采用无泄水设施的闷葫芦坝,防洪标准为 20 年一遇,对控制区域内的洪水和泥沙全拦全蓄。中型坝主要布设在Ⅱ、Ⅲ级沟道上,一般是 50 年一遇洪水标准,对小型坝起控制作用,也是生产坝的主要组成部分。大型坝主要分布在坝系单元的沟口、干沟的沟段和主沟沟口。作用是控制大洪水(100~200 年一遇)、泥沙,是以拦洪拦沙为目的,直接在坝系中起到上拦下保的作用。

(2)坝系的防洪标准高低,主要是由控制性坝的蓄洪标准决定的;并联模式可以有效提高淤地坝系的防洪能力;对于串联坝系来说,上游坝的配置数量、库容和布局提高了坝系的整体防洪标准,即在依靠串联坝系分段分层拦蓄洪水的级联效应达到提高坝系防洪能力的目的。

(3)在垂直剖面上,淤地坝坝内淤积泥沙总体上表现为粒径较粗的粉土层与粒径较细的黏土层相间分布,具有一定沉积层理。在水平方向上,单坝均表现为坝尾(坝上游)淤积泥沙平均粒径较坝前(坝下游)粗。

(4)有排水工程的淤地坝较无排水工程的淤地坝淤积泥沙平均粒径粗。有排水工程的淤地坝对于粒径大于0.05 mm的泥沙的分选作用优于无排水工程的淤地坝;卧管排水的淤地坝对于粒径大于0.05 mm的泥沙的分选作用优于竖井排水的淤地坝。

(5)缺口坝和已淤满的淤地坝对于一定粒径的泥沙具有分选作用。碳阳沟坝对于粒径在0.1~0.025 mm的泥沙具有分选作用;西雁沟沟口坝对于粒径在0.1~0.016 mm的泥沙具有分选作用。

第 3 章　次暴雨条件下小理河流域淤地坝拦沙量调查研究

3.1　小理河流域概况

小理河是黄河中游河龙区间无定河水系大理河的一条主要支流，位于东经 109°16′～109°51′、北纬 37°36′～37°49′。小理河发源于陕西省北部榆林市横山县艾好峁村，在陕西省子洲县殿市镇李家河村汇入大理河，河长 63.7 km，流域面积 807 km^2。小理河流域 74.7%的面积在横山县境内，25.3%的面积在子洲县境内。流域内李家河水文站为其把口站。

小理河流域属黄土丘陵沟壑区，地形地貌特征为梁峁起伏、沟壑纵横、山大沟深、支离破碎，加之植被稀少，流域内水土流失极为严重，生态环境非常脆弱。小理河流域黄土层厚 50～100 m，沟壑密度为 4.0～6.0 km/km^2（王跃奎等，2010）。地势西南高、东北低，由西南向东北倾斜，海拔在 940～1 467 m。小理河流域高程变化范围为 1 000～1 436 m，70%地区的相对高程在 25 m 以下，主要的相对高差段为 100～200 m，小理河流域的坡度范围为 0°～89°，坡度的变化范围较大，地形起伏剧烈，域内高度变化剧烈，在多沙粗沙区具有代表性。

流域土壤类型主要为黄土性土和风沙土，黄土性土和风沙土分别占总面积的 96.1%和 2.3%。流域内草地、耕地、林地面积分别占流域总面积的 54.0%、36.4%和 6.6%。

小理河流域 1959～2013 年平均径流量为 2 519.80 万 m^3，55 年径流量变化介于 1 114.16 万～5 030.99 万 m^3。1959～2013 年平均输沙量为 555.40 万 t，55 年输沙量变化介于 27.46 万～2 656.44 万 t。

流域气候为大陆性季风气候，冬春干寒、雨量稀少，夏季炎热、雨量较多。降水量年内分配不均，主要集中在汛期且多以暴雨形式出现，6～9 月降水量占全年降水量的 73%左右，其中 7～8 月降水量占汛期降水量的 63%左右。在空间上，各雨量站降水量由西向东略有增加。

流域内多年平均水面蒸发量约为 1 200 mm，陆地蒸发量约为 400 mm，干旱指数为 2.4～2.9。

小理河流域处于陕西省北部，榆林地区南部，是大理河的一级支流，而大理河又是黄河支流无定河的第二大支流。小理河流域自西向东流向，依次经过高镇、水地湾、电市等地，在横山县长度达 43 km。河流经水地湾乡石垛坪村，后流经子洲境内，在三眼泉乡汇入大理河。其中，子洲境内河流长度达 24.5 km，子洲境内有 5 条支流，长度均大于 5 km。

3.2　小理河流域淤地坝调查

本次调查了小理河 646 座淤地坝(见表 3-1、图 3-1、表 3-2),646 座淤地坝主要集中在小理河流域中下游。表 3-1 表明,小型坝 357 座,占比 55.26%;中型坝 206 座,占比 31.89%;大型坝 47 座,占比 7.28%;骨干坝 28 座,占比 4.33%;蓄水坝 8 座,占比 1.24%。在“7 · 26”暴雨下,共有 215 座淤地坝发生淤积(调查情况见表 3-2),有淤积量的淤地坝也主要集中在小理河流域中下游,其中小型坝 88 座,占淤积量总坝数的 40.93%;中型坝 93 座,占淤积量总坝数的 43.26%;大型坝 26 座,占淤积量总坝数的 12.09%;骨干坝 8 座,占淤积量总坝数的 3.27%。

通过调查数据分析可知,小理河流域淤地坝主要以中小型坝为主,“7 · 26”暴雨中有淤积量的坝也主要集中在中小型坝。

表 3-1　小理河流域“7 · 26”暴雨不同类型淤地坝淤积情况

坝型	有淤积坝数	无淤积坝数	合计
小型坝	88	269	357
中型坝	93	113	206
大型坝	26	21	47
骨干坝	8	20	28
蓄水坝		8	8
合计	215	431	646

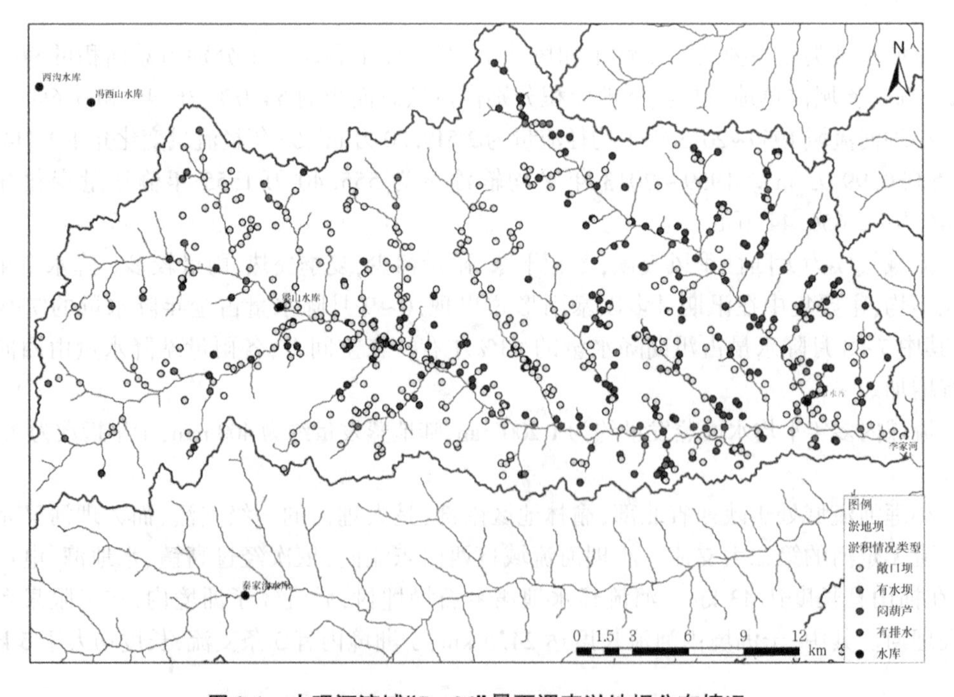

图 3-1　小理河流域“7 · 26”暴雨调查淤地坝分布情况

表 3-2　小理河流域 215 座有淤积量的淤地坝调查情况

序号	行政区划	乡(镇)	野外调查编号	是否具有放水工程
1	横山	艾好峁	473	无
2	横山	艾好峁	479	有
3	横山	艾好峁	485	有
4	横山	艾好峁	T34	有
5	横山	艾好峁	509	有
6	横山	艾好峁	492	有
7	横山	艾好峁	495	无
8	横山	艾好峁	496	有
9	横山	高镇	488	有
10	横山	高镇	364	有
11	横山	高镇	365	有
12	横山	高镇	368	有
13	横山	高镇	T06	有
14	横山	高镇	T08	有
15	横山	高镇	362	有
16	横山	高镇	363	有
17	横山	高镇	T18	有
18	横山	高镇	573	有
19	横山	高镇	290	有
20	横山	高镇	312	有
21	横山	高镇	316	有
22	横山	高镇	355	有
23	横山	高镇	T22	有
24	横山	高镇	513	有
25	横山	高镇	516	有
26	横山	高镇	L29	有
27	横山	高镇	321	有
28	横山	高镇	322	有
29	横山	高镇	326	无
30	横山	高镇	352	无
31	横山	高镇	581	无

续表 3-2

序号	行政区划	乡(镇)	野外调查编号	是否具有放水工程
32	横山	高镇	313	有
33	横山	高镇	314	有
34	横山	高镇	578	有
35	横山	高镇	406	有
36	横山	高镇	407	有
37	横山	高镇	408	有
38	横山	高镇	409	有
39	横山	高镇	420	有
40	横山	高镇	T29	有
41	横山	高镇	361	有
42	横山	高镇	534	有
43	横山	高镇	539	有
44	横山	高镇	418	有
45	横山	高镇	369	有
46	横山	高镇	370	有
47	横山	高镇	371	有
48	横山	高镇	375	有
49	横山	高镇	378	有
50	横山	高镇	402	有
51	横山	高镇	400	有
52	横山	高镇	376	有
53	横山	高镇	522	有
54	横山	高镇	523	有
55	横山	高镇	552	有
56	横山	高镇	521	有
57	横山	高镇	L10	有
58	横山	高镇	L12	有
59	横山	高镇	L13	有
60	横山	韩岔镇	435	无
61	横山	石窑沟	127	有
62	横山	石窑沟	129	有

续表 3-2

序号	行政区划	乡(镇)	野外调查编号	是否具有放水工程
63	横山	石窑沟	130	有
64	横山	石窑沟	153	有
65	横山	石窑沟	154	有
66	横山	石窑沟	159	有
67	横山	石窑沟	202	有
68	横山	石窑沟	257	有
69	横山	石窑沟	201	有
70	横山	石窑沟	204	有
71	横山	石窑沟	208	有
72	横山	石窑沟	213	有
73	横山	石窑沟	196-1	有
74	横山	石窑沟	306	无
75	横山	石窑沟	122	有
76	横山	石窑沟	124	有
77	横山	石窑沟	173	有
78	横山	石窑沟	305	无
79	横山	石窑沟	254	有
80	横山	石窑沟	192	有
81	横山	石窑沟	194	有
82	横山	石窑沟	155	有
83	横山	石窑沟	168	有
84	横山	石窑沟	188	有
85	横山	石窑沟	189	有
86	横山	石窑沟	141	有
87	横山	石窑沟	142	有
88	横山	石窑沟	144	有
89	横山	石窑沟	150	有
90	横山	石窑沟	164	无
91	横山	石窑沟	176	有
92	横山	石窑沟	J005	有
93	横山	石窑沟	294	有

续表 3-2

序号	行政区划	乡(镇)	野外调查编号	是否具有放水工程
94	横山	石窑沟	296	有
95	横山	石窑沟	297	有
96	横山	石窑沟	299	有
97	横山	石窑沟	197	有
98	横山	石窑沟	198	有
99	横山	石窑沟	200	有
100	横山	石窑沟	183	有
101	横山	石窑沟	165	无
102	横山	石窑沟	167	无
103	横山	石窑沟	157	有
104	横山	石窑沟	179	有
105	横山	石窑沟	118	有
106	横山	石窑沟	128	有
107	横山	石窑沟	174	有
108	横山	石窑沟	175	有
109	横山	石窑沟	J001	有
110	横山	石窑沟	J002	有
111	横山	石窑沟	J003	有
112	横山	双城	505	有
113	子洲	电市	229	有
114	子洲	电市	230	有
115	子洲	电市	232	有
116	子洲	电市	233	有
117	子洲	电市	238	有
118	子洲	电市	239	有
119	子洲	电市	240	有
120	子洲	李孝河	219	有
121	子洲	李孝河	220	有
122	子洲	李孝河	221	有
123	子洲	李孝河	222	有
124	子洲	水地湾	216	有

续表 3-2

序号	行政区划	乡(镇)	野外调查编号	是否具有放水工程
125	子洲	水地湾	217	有
126	子洲	电市	34	有
127	子洲	电市	17	有
128	子洲	电市	42	有
129	子洲	电市	W10	有
130	子洲	电市	13	有
131	子洲	电市	12	有
132	子洲	电市	30	有
133	子洲	电市	W11	有
134	子洲	电市	W21	有
135	子洲	电市	602	有
136	子洲	电市	W5	有
137	子洲	电市	39	有
138	子洲	电市	35	有
139	子洲	电市	TL4	无
140	子洲	电市	TL5	有
141	子洲	电市	611	无
142	子洲	电市	TL1	无
143	子洲	瓜子湾	50	有
144	子洲	瓜子湾	W15	有
145	子洲	瓜子湾	48	无
146	子洲	瓜子湾	76	有
147	子洲	瓜子湾	77	有
148	子洲	瓜子湾	78	有
149	子洲	瓜子湾	49	有
150	子洲	瓜子湾	20	无
151	子洲	李孝河	87	有
152	子洲	李孝河	56	有
153	子洲	李孝河	57	有
154	子洲	李孝河	53	有
155	子洲	李孝河	101	无

续表 3-2

序号	行政区划	乡(镇)	野外调查编号	是否具有放水工程
156	子洲	李孝河	102	有
157	子洲	李孝河	93	有
158	子洲	李孝河	112	无
159	子洲	李孝河	108	有
160	子洲	李孝河	91	有
161	子洲	李孝河	92	有
162	子洲	李孝河	110	有
163	子洲	李孝河	111	有
164	子洲	李孝河	W18	有
165	子洲	李孝河	113	有
166	子洲	李孝河	116	有
167	子洲	李孝河	98	有
168	子洲	李孝河	99	有
169	子洲	李孝河	107	有
170	子洲	李孝河	95	有
171	子洲	李孝河	89	有
172	子洲	李孝河	66	有
173	子洲	李孝河	65	有
174	子洲	李孝河	W17	有
175	子洲	李孝河	54	有
176	子洲	李孝河	55	有
177	子洲	水地湾	600	有
178	子洲	水地湾	597	有
179	子洲	水地湾	241	有
180	子洲	水地湾	242	有
181	子洲	水地湾	243	有
182	子洲	水地湾	244	有
183	子洲	水地湾	TL7	有
184	子洲	水地湾	TL8	有
185	子洲	水地湾	272	无
186	子洲	水地湾	273	有

续表 3-2

序号	行政区划	乡(镇)	野外调查编号	是否具有放水工程
187	子洲	水地湾	308	有
188	子洲	水地湾	587	有
189	子洲	水地湾	588	有
190	子洲	水地湾	590	有
191	子洲	水地湾	592	有
192	子洲	水地湾	594	有
193	子洲	水地湾	W24	有
194	子洲	水地湾	W25	无
195	子洲	水地湾	W28	有
196	子洲	水地湾	281	有
197	子洲	水地湾	282	有
198	子洲	水地湾	283	有
199	子洲	水地湾	310	有
200	子洲	水地湾	TL2	有
201	子洲	水地湾	268	无
202	子洲	水地湾	270	有
203	子洲	水地湾	284	有
204	子洲	水地湾	285	有
205	子洲	水地湾	279	有
206	子洲	水地湾	249	有
207	子洲	水地湾	250	有
208	子洲	水地湾	TL11	有
209	子洲	水地湾	259	有
210	子洲	水地湾	291	有
211	子洲	水地湾	274	有
212	子洲	水地湾	276	有
213	子洲	水地湾	277	有
214	子洲	水地湾	583	有
215	子洲	水地湾	586	有

3.3 小理河流域淤地坝泥沙淤积量估算

3.3.1 淤地坝淤积量计算方法

淤积体积的计算:对于发生明显淤积的淤地坝,从坝前到淤积末端,根据坝地地形变化和淤积发生的区块,把淤积面分割成若干区块,将区块概化为梯形或者三角形,采用激光测距仪测量断面长度。每个断面人工开挖3个探坑,探坑的大小根据淤积厚度而定,以可准确判断暴雨洪水形成的沉积旋回为准,测量并记录“7·26”暴雨形成的沉积地层厚度。

淤地坝淤积泥沙体积计算公式为

$$V = \sum_{i=1}^{n} S_i h_i$$

式中:S_i 为所调查淤地坝概化后的梯形或者三角形淤积区块面积,km^2;h_i 为第 i 个断面的平均淤积厚度,m;n 为断面个数。

其中

$$h_i = \frac{1}{3}\sum_{j=1}^{3} r_j$$

式中:r_j 为第 j 个探坑的淤积厚度,m。

3.3.2 淤地坝拦沙模数计算

淤地坝拦沙模数是指淤地坝淤积量与坝控流域面积的比值。拦沙模数能够反映出淤地坝拦沙能力,是研究流域侵蚀产沙规律等的最基本依据,也是淤地坝流域内地貌、地面组成物质、气候、植被覆盖度以及人类活动对泥沙综合影响的结果和反映。单坝拦沙模数计算,首先要获取坝控流域面积,而实地无法人工测量淤地坝坝控流域面积,故借助ArcGIS软件,将淤地坝坝址的GPS地理坐标转换到具有大地坐标系的地图上,作为倾泄点,利用ArcGIS空间分析方法,计算每座淤地坝坝控流域面积。对于同一沟道存在上下游串联的若干个淤地坝,只计算下坝至上坝之间的区间控制面积。

淤地坝拦沙模数计算公式为

$$M_y = V/S$$

式中:M_y 为淤地坝拦沙模数,$t/(km^2)$;V 为淤地坝泥沙淤积体积,m^3;S 为坝控流域面积,km^2。

根据实测淤积量及计算出的坝控流域面积,得出215座淤地坝拦沙模数情况,详见表3-3。

表 3-3　小理河流域淤地坝拦沙模数计算情况

序号	行政区划	野外调查编号	最大淤积深度（cm）	总淤积量（m^3）	坝控面积（km^2）	拦沙模数（t/km^2）
1	横山	473	60	5 063.10	0.574	11 908.0
2	横山	479	50	250 941.25	34.735	9 753.0
3	横山	485	63	15 124.58	0.413	49 438.7
4	横山	T34	120	92 064.63	6.438	19 305.3
5	横山	509	170	20 160.49	4.066	6 693.7
6	横山	492	140	1 922.70	0.324	8 011.3
7	横山	495	132	11 463.71	0.856	18 079.4
8	横山	496	90	13 459.22	1.717	10 582.4
9	横山	488	123	99 407.05	4.872	27 545.1
10	横山	364	40	12 257.42	0.745	22 211.4
11	横山	365	72	5 548.02	0.901	8 312.8
12	横山	368	36	5 596.65	0.093	81 241.7
13	横山	T06	120	12 055.80	2.382	6 832.6
14	横山	T08	22	1 309.91	0.534	3 311.6
15	横山	362	35	346.50	0.169	2 767.9
16	横山	363	35	4 320.58	0.657	8 877.9
17	横山	T18	36	1 338.53	1.317	1 372.1
18	横山	573	38	2 415.34	0.746	4 370.9
19	横山	290	35	37 195.18	1.034	48 562.4
20	横山	312	60	4 087.50	1.105	4 993.8
21	横山	316	20	498.83	0.246	2 737.5
22	横山	355	52	6 032.47	1.165	6 990.4
23	横山	T22	22	223.08	0.069	4 364.6
24	横山	513	50	22 750.21	3.972	7 732.3
25	横山	516	25	194.37	0.067	3 916.4
26	横山	L29	17	260.42	0.135	2 604.2
27	横山	321	27	3 508.93	0.478	9 910.2
28	横山	322	30	400.96	0.454	1 192.3
29	横山	326	61	921.32	0.103	12 075.6
30	横山	352	220	4 735.05	0.193	33 120.8

续表 3-3

序号	行政区划	野外调查编号	最大淤积深度 (cm)	总淤积量 (m^3)	坝控面积 (km^2)	拦沙模数 (t/km^2)
31	横山	581	110	11 373.83	0.322	47 685.3
32	横山	313	70	25 371.68	0.344	99 569.1
33	横山	314	8	2 083.95	2.299	1 223.7
34	横山	578	85	19 147.18	4.102	6 301.5
35	横山	406	28	790.49	0.013	82 089.3
36	横山	407	5	546.68	0.738	1 000.0
37	横山	408	5	54.00	0.029	2 513.8
38	横山	409	19	1 845.78	0.600	4 153.0
39	横山	420	18	812.70	0.483	2 271.5
40	横山	T29	40	625.09	0.117	7 212.6
41	横山	361	125	21 212.88	1.327	21 580.5
42	横山	534	40	1 290.24	0.190	9 167.5
43	横山	539	50	2 077.36	0.585	4 793.9
44	横山	418	18	223.08	0.229	1 315.1
45	横山	369	17	641.24	0.360	2 404.7
46	横山	370	15	3 095.53	1.672	2 499.4
47	横山	371	14	422.97	0.507	1 126.3
48	横山	375	5	2 509.38	2.251	1 505.0
49	横山	378	32	579.63	0.099	7 904.0
50	横山	402	30	2 206.24	0.484	6 153.8
51	横山	400	33	88.20	0.037	3 218.1
52	横山	376	13	1 917.72	0.879	2 945.3
53	横山	522	125	12 187.06	1.151	14 294.1
54	横山	523	130	149 332.21	15.230	13 236.9
55	横山	552	250	14 038.74	0.740	25 611.2
56	横山	521	70	94 540.58	5.150	24 782.5
57	横山	L10	50	3 621.65	0.343	14 254.3
58	横山	L12	30	1 385.65	0.198	9 447.6
59	横山	L13	30	1 084.76	0.679	2 156.7
60	横山	435	1	78.98	0.187	570.2

续表 3-3

序号	行政区划	野外调查编号	最大淤积深度 (cm)	总淤积量 (m^3)	坝控面积 (km^2)	拦沙模数 (t/km^2)
61	横山	127	10	513.59	3.207	216.2
62	横山	129	15	2 176.19	0.300	9 792.9
63	横山	130	10	1 379.21	0.680	2 738.1
64	横山	153	40	2 880.53	0.466	8 344.9
65	横山	154	20	23 722.39	4.058	7 891.9
66	横山	159	21	5 051.91	1.601	4 259.9
67	横山	202	20	478.88	0.181	3 571.8
68	横山	257	135	68 759.26	1.974	47 023.8
69	横山	201	12	220.08	0.093	3 194.7
70	横山	204	100	23 365.43	2.174	14 509.4
71	横山	208	42	1 053.74	0.361	3 940.6
72	横山	213	75	30 052.35	2.226	18 225.8
73	横山	196-1	90	22 681.29	2.270	13 488.9
74	横山	306	84	9 893.13	0.592	22 560.3
75	横山	122	15	3 106.43	0.806	5 203.1
76	横山	124	15	3 714.38	1.924	2 606.2
77	横山	173	16	12 111.87	3.892	4 201.2
78	横山	305	52	2 662.68	0.503	7 146.4
79	横山	254	40	1 531.56	0.270	7 657.8
80	横山	192	18	96.53	0.311	419.0
81	横山	194	13	2 282.74	0.879	3 505.9
82	横山	155	50	4 584.58	0.755	8 197.6
83	横山	168	20	859.68	0.328	3 538.3
84	横山	188	7	112.71	0.240	634.0
85	横山	189	21	1 779.65	1.274	1 885.8
86	横山	141	80	3 384.97	0.248	18 426.2
87	横山	142	45	1 776.38	0.211	11 365.5
88	横山	144	25	3 857.89	0.707	7 366.6
89	横山	150	20	5 234.47	2.326	3 038.1
90	横山	164	14	2 120.65	0.592	4 835.9

续表 3-3

序号	行政区划	野外调查编号	最大淤积深度（cm）	总淤积量（m^3）	坝控面积（km^2）	拦沙模数（t/km^2）
91	横山	176	16	220.68	0.327	911.1
92	横山	J005	29	8 164.82	6.649	1 657.8
93	横山	294	48	10 786.25	0.924	15 759.1
94	横山	296	22	6 844.18	0.870	10 620.3
95	横山	297	56	15 933.77	1.334	16 124.9
96	横山	299	62	7 919.43	0.483	22 135.1
97	横山	197	82	3 844.15	0.663	7 827.5
98	横山	198	51	5 216.02	0.369	19 083.0
99	横山	200	20	1 610.86	0.441	4 931.2
100	横山	183	12	428.66	0.287	2 016.3
101	横山	165	34	1 377.88	0.708	2 627.3
102	横山	167	14	420.48	0.690	822.7
103	横山	157	19	1 576.05	1.707	1 246.4
104	横山	179	10	330.79	2.323	192.2
105	横山	118	35	8 749.26	1.394	8 473.1
106	横山	128	20	8 286.23	1.968	5 684.2
107	横山	174	14	920.92	0.476	2 611.9
108	横山	175	80	659.42	1.970	451.9
109	横山	J001	61	44 721.10	5.369	11 244.8
110	横山	J002	23	153.04	0.089	2 321.4
111	横山	J003	23	167.28	0.090	2 509.2
112	横山	505	200	75 517.64	3.404	29 949.7
113	子洲	229	60	2 752.29	0.495	7 506.2
114	子洲	230	60	1 161.10	0.237	6 613.9
115	子洲	232	55	11 680.68	0.719	21 931.7
116	子洲	233	72	14 661.73	1.679	11 788.8
117	子洲	238	85	5 373.75	0.618	11 738.8
118	子洲	239	85	1 034.60	0.056	24 941.3
119	子洲	240	95	28 295.89	0.809	47 218.1
120	子洲	219	83	13 532.71	0.896	20 389.7

续表 3-3

序号	行政区划	野外调查编号	最大淤积深度（cm）	总淤积量（m^3）	坝控面积（km^2）	拦沙模数（t/km^2）
121	子洲	220	95	20 449.18	0.905	30 504.3
122	子洲	221	18	1 139.69	0.088	17 483.9
123	子洲	222	56	2 850.77	0.279	13 794.0
124	子洲	216	57	3 045.11	0.224	18 352.2
125	子洲	217	64	7 050.69	0.475	20 038.8
126	子洲	34	141	14 882.19	0.945	21 260.3
127	子洲	17	80	1 208.28	0.135	12 082.8
128	子洲	42	30	7 727.31	0.652	15 999.8
129	子洲	W10	20	3 360.00	0.321	14 130.8
130	子洲	13	60	16 094.79	1.086	20 007.3
131	子洲	12	50	16 434.38	2.569	8 636.2
132	子洲	30	40	18 647.10	1.748	14 401.4
133	子洲	W11	190	12 628.00	0.769	22 168.8
134	子洲	W21	10	3 922.82	7.152	740.5
135	子洲	602	10	218.52	0.155	1 903.2
136	子洲	W5	70	33 995.11	2.409	19 050.8
137	子洲	39	30	16 911.96	1.363	16 750.7
138	子洲	35	115	10 639.43	0.355	40 459.8
139	子洲	TL4	115	160 180	0.111	24 003
140	子洲	TL5	50	1 817.12	0.959	2 558.0
141	子洲	611	110	1 242.44	0.104	16 127.8
142	子洲	TL1	160	2 002.74	0.246	10 990.6
143	子洲	50	30	6 882.29	0.656	14 163.2
144	子洲	W15	15	5 646.46	0.886	8 603.5
145	子洲	48	110	11 885.50	0.385	41 676.4
146	子洲	76	35	8 989.93	1.016	11 945.3
147	子洲	77	40	4 664.50	0.789	7 981.1
148	子洲	78	40	24 912.67	3.663	9 181.6
149	子洲	49	43	11 219.37	1.173	12 912.3
150	子洲	20	50	11 058.58	0.702	21 266.5

续表 3-3

序号	行政区划	野外调查编号	最大淤积深度（cm）	总淤积量（m^3）	坝控面积（km^2）	拦沙模数（t/km^2）
151	子洲	87	60	89 234.68	61.013	1 974.4
152	子洲	56	60	46 179.18	0.837	74 482.5
153	子洲	57	70	9 066.41	1.439	8 505.7
154	子洲	53	50	2 690.88	0.332	10 941.8
155	子洲	101	75	7 757.70	0.529	19 797.5
156	子洲	102	40	10 114.14	0.729	18 729.9
157	子洲	93	90	6 434.87	0.324	26 812.0
158	子洲	112	90	10 652.81	0.894	16 086.5
159	子洲	108	40	6 386.15	1.775	4 857.1
160	子洲	91	80	2 312.55	0.269	11 605.7
161	子洲	92	20	1 849.58	0.220	11 349.7
162	子洲	110	50	17 872.57	0.743	32 473.7
163	子洲	111	70	4 574.53	0.519	11 899.1
164	子洲	W18	60	2 387.90	0.212	15 206.0
165	子洲	113	20	1 425.10	0.323	5 956.3
166	子洲	116	130	11 965.25	1.318	12 255.8
167	子洲	98	35	2 444.34	0.268	12 312.9
168	子洲	99	50	34 885.52	3.970	11 862.8
169	子洲	107	130	33 976.66	2.037	22 517.7
170	子洲	95	46	36 087.05	3.803	12 810.3
171	子洲	89	65	2 085.88	0.182	15 472.2
172	子洲	66	85	52 666.44	4.423	16 075.0
173	子洲	65	1	6 923.00	0.597	15 655.0
174	子洲	W17	60	13 601.29	5.822	3 153.9
175	子洲	54	50	26 952.74	1.383	26 309.6
176	子洲	55	85	8 981.10	0.680	17 830.1
177	子洲	600	15	3 162.43	1.027	4 157.0
178	子洲	597	130	16 107.55	0.894	24 323.5
179	子洲	241	75	38 965.64	0.377	139 532.1
180	子洲	242	120	7 794.39	0.300	35 074.8

续表 3-3

序号	行政区划	野外调查编号	最大淤积深度（cm）	总淤积量（m^3）	坝控面积（km^2）	拦沙模数（t/km^2）
181	子洲	243	75	6 028.98	0.078	104 347.7
182	子洲	244	45	6 818.76	0.940	9 792.9
183	子洲	TL7	55	6 135.00	6.752	1 226.6
184	子洲	TL8	100	4 164.61	0.237	23 722.5
185	子洲	272	160	4 063.28	0.217	25 278.5
186	子洲	273	150	12 162.68	1.202	13 660.2
187	子洲	308	86	3 836.23	0.246	21 052.5
188	子洲	587	100	9 010.53	0.778	15 635.2
189	子洲	588	20	6 858.11	0.336	27 554.9
190	子洲	590	90	4 225.06	0.025	228 153.2
191	子洲	592	100	5 337.98	0.532	13 545.6
192	子洲	594	10	675.16	0.568	1 604.7
193	子洲	W24	115	4 825.60	0.190	34 287.2
194	子洲	W25	200	15 938.38	0.726	29 637.5
195	子洲	W28	70	1 107.98	0.073	20 490.0
196	子洲	281	90	8 697.23	0.149	78 800.4
197	子洲	282	42	12 423.93	0.575	29 169.2
198	子洲	283	45	3 268.43	0.332	13 290.3
199	子洲	310	63	3 608.24	0.377	12 920.8
200	子洲	TL2	60	1 423.58	0.486	3 954.4
201	子洲	268	75	10 388.09	0.339	41 368.5
202	子洲	270	100	18 075.11	0.381	64 045.7
203	子洲	284	45	6 753.55	1.167	7 812.6
204	子洲	285	60	21 302.72	2.258	12 736.3
205	子洲	279	105	15 398.94	0.782	26 583.8
206	子洲	249	25	12 422.04	3.956	4 239.1
207	子洲	250	75	23 386.78	1.761	17 928.5
208	子洲	TL11	25	2 392.46	0.591	5 465.0
209	子洲	259	85	17 690.58	0.751	31 800.6
210	子洲	291	80	6 850.22	0.977	9 465.5

续表 3-3

序号	行政区划	野外调查编号	最大淤积深度(cm)	总淤积量(m^3)	坝控面积(km^2)	拦沙模数(t/km^2)
211	子洲	274	70	5 227.11	0.374	18 867.9
212	子洲	276	35	8 984.71	2.429	4 993.6
213	子洲	277	120	24 003.30	1.006	32 211.2
214	子洲	583	80	7 714.65	1.042	9 995.0
215	子洲	586	220	12 587.65	1.202	14 137.5
合计				2 663 345.51	348.79	10 308.54

3.3.3 淤地坝拦沙作用分析

淤积的淤地坝(见表 3-4)表明,在"7·26"暴雨,小理河流域有淤积量的淤地坝共淤积 359.56 万 t,小型坝淤积 40.65 万 t 泥沙,占比 11.31%;中型坝淤积 141.97 万 t 泥沙,占比 39.48%;大型坝淤积 118.05 万 t 泥沙,占比 32.83%;骨干坝淤积 58.89 万 t 泥沙,占比 16.38%。

表 3-4 小理河流域"7·26"暴雨不同类型淤地坝淤积情况

坝型	淤积量(万 t)	占总淤积量(%)	平均淤积厚度(m)	最大厚度(m)
小型坝	40.65	11.31	0.33	2.20
中型坝	141.97	39.48	0.50	1.90
大型坝	118.05	32.83	0.46	1.42
骨干坝	58.89	16.38	0.61	2.00
合计	359.56			

通过调查数据分析可知,"7·26"暴雨中,小理河流域小型坝是拦沙的第一道防线,大中型坝则发挥了主要拦沙作用。淤地坝平均淤积厚度随着坝型的变化不是很明显,但最大淤积深度随着坝型的变化,差异性较大,中型坝最大淤积厚度最小,小型坝最大,两者相差 0.78 m。

3.4 淤地坝泥沙淤积量影响因素分析

对于淤地坝淤积泥沙量的影响因素很多,对于不同尺度区域而言,影响淤地坝淤积泥沙的主导因素是不同的,在一个小流域内,地表物质组成、降雨、地形、植被、沟道比降、流域形状、土地利用类型、人类活动、农业习惯等都会对淤地坝淤积泥沙产生影响。通过"7·26"暴雨对小理河流域实地调查发现,在各环境要素中,降水量是影响淤地坝泥沙淤积量的主要因素，坝控流域面积、土地利用方式也是影响淤地坝泥沙淤积量的因素之一。

3.4.1　降水因素

降水是水力侵蚀的重要影响因素，在黄土高原地区，降水更是重力侵蚀的诱发因素。"7·26"暴雨，小理河流域暴雨量空间变化比较明显，暴雨中心位于流域下游，降水量大于100 mm的笼罩面积约为450 km²，其中累计降水李家河站218.9 m、李家坬站218.4 mm、李孝河站179.8 mm，流域面平均降水量118.0 mm。主雨时段在26日0~2时，历时2 h，降雨强度达30 mm/h。

小理河"7·26"暴雨降雨强度由流域东南向西和西北方向递减。东南部暴雨中心一带，无放水工程淤地坝拦沙模数在30 000~40 000 t/km²，少数淤地坝控制流域达到60 000~80 000 t/km²，向西北随着暴雨量的减少，由30 000 t/km²左右逐渐减少，在北部地区边缘，减少到1 000 t/km²以下。

近似认为，小理河流域17座淤地坝除降水条件有差异外，17座淤地坝降水量通过反距离内插值得到，其他环境条件相当，将小理河流域淤地坝拦沙模数（见图3-2）与降水量进行关系趋势分析（见表3-5），两者可建立如下关系模型：

$$M_y = 0.8P^{1.9658}$$

式中：M_y 为淤地坝拦沙模数，t/km²；P 为降水量，mm。

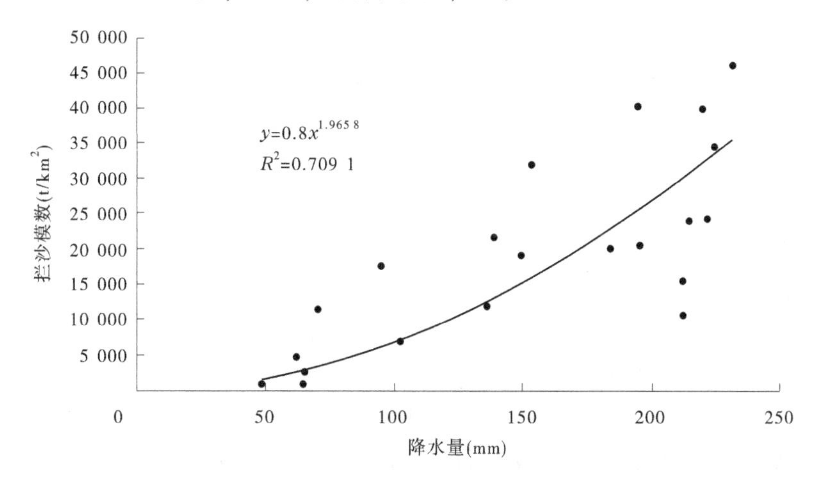

图3-2　小理河流域17座淤地坝拦沙模数与降水量趋势线

表3-5　小理河流域21座无放水工程淤地坝与降水量情况统计

序号	野外编号	拦沙模数（t/km²）	降水量（mm）
1	20	20 479.6	195.3
2	48	40 134.6	194.4
3	101	19 065	149.4
4	112	19 958.9	184
5	164	4 657.6	61.8

续表 3-5

序号	野外编号	拦沙模数(t/km^2)	降水量(mm)
6	165	2 530.2	64.9
7	167	791.3	64.3
8	268	39 835.9	219.4
9	272	24 340.5	221.6
10	305	6 882.5	102.2
11	306	21 724.5	138.7
12	326	11 624.3	136.9
13	352	31 893.8	153.4
14	435	549.2	48.3
15	473	11 466.8	70.1
16	495	17 410.3	95.1
17	581	45 919.9	231.4
18	611	15 525	212.1
19	TL1	10 585	212.2
20	TL4	24 003	214.6
21	W25	34 522.5	224.4

3.4.2　坝控流域面积因素

淤地坝控制流域面积大小，也是影响流域侵蚀产沙的因素之一。调查发现小理河流域西部(见表 3-6)，有放水工程且控制面积较大的 488 号淤地坝与 473 号和 495 号无放水工程的淤地坝相邻，三座淤地坝控制流域范围暴雨量差别不大，均在 80 mm 左右，从卫星图像上看(见图 3-3、图 3-4)，三个坝控制流域地形与地表覆盖差别也不大。但位于北部的 473 号无放水工程的坝，拦沙模数为 11 197 t/km^2；南部的 495 号为无放水工程的坝，拦沙模数为 17 298 t/km^2，有放水工程的 488 号淤地坝拦沙模数为 26 414 t/km^2(488 号淤地坝因有放水工程，可以判定其控制流域范围平均侵蚀强度肯定大于 26 414 t/km^2。)

表 3-6　小理河流域 473 号、495 号与 488 号坝坝控流域面积对比情况

野外编号	控制面积(km^2)	流域面均降水量(mm)	有无排水工程	拦沙模数(t/km^2)
473	0.59	69.8	无	11 197
495	0.86	89.4	无	17 298
488	4.89	82.1	有	26 414

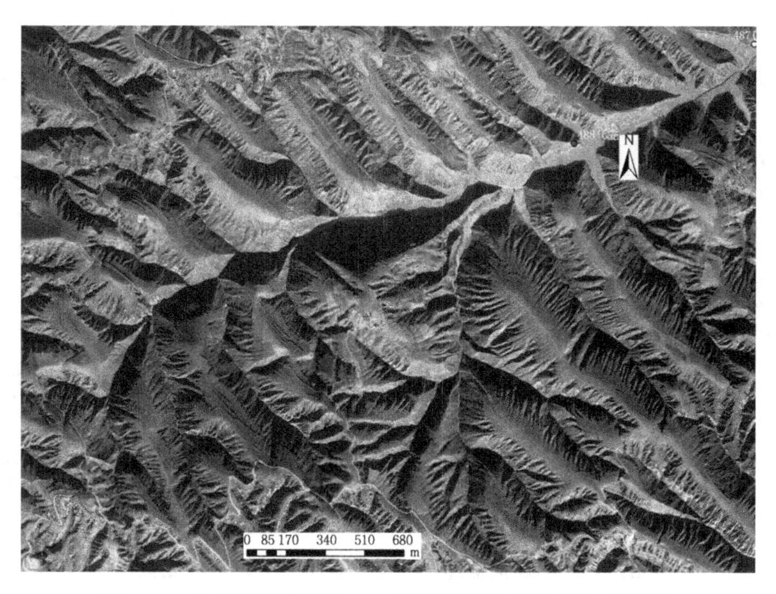

图 3-3　小理河流域上游 488 号淤地坝控制流域卫星图像

图 3-4　小理河流域 473 号与 495 号无放水工程的坝控制流域卫星图像

小理河 268 号坝和 TL4 号坝相邻，从卫星图像（见图 3-5）上看，两座坝控制流域地形与地表覆盖差别也不大。但两座淤地坝拦沙模数差异较大（见表 3-7），268 号坝拦沙模数是 TL4 号坝的 2 倍左右。TL4 号坝与 268 号坝差别最显著的地方就是，268 号坝控制流域面积是 TL4 号坝的 3 倍左右。

由此可见，坝控面积与淤地坝泥沙淤积量有着密切的关系。

图 3-5　小理河流域 268 号坝与 TL4 号坝卫星图像

表 3-7　小理河流域 268 号坝与 TL4 号坝坝控流域面积对比情况

野外编号	控制面积 (km^2)	流域面降水量 (mm)	有无排水工程	拦沙模数 (t/km^2)
268	0.339	151.2	无	41 369
TL4	0.111	150.9	无	24 003

“7 · 26”暴雨下，将小理河流域 215 座淤地坝拦沙量与坝控流域面积进行关系趋势分析(见图 3-6)，两者可建立如下关系模型：

$$L_s = -0.014S^2 + 1.034S - 0.0595$$

式中：L_s 为拦沙量，万 t；S 为坝控流域面积，km^2。

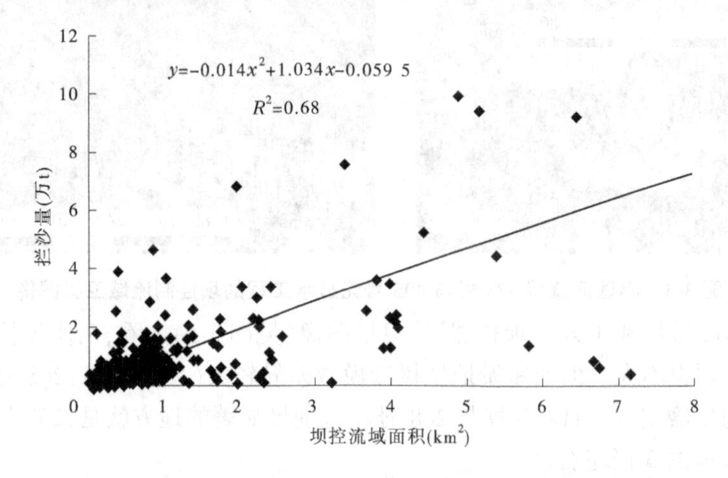

图 3-6　小理河流域 215 座淤地坝拦沙量与坝控流域面积趋势线

3.4.3　沟道比降因素

小理河流域611号坝与TL1号坝紧紧相邻(见表3-8),从航拍及卫星图像(见图3-7)上看,两座坝控制流域地表覆盖差别也不大,均为无放水工程的淤地坝,降水量均为199 mm左右,差别不大,主要差别是沟道纵比降,611号坝在淤积段的纵比降为3.5%,TL1号坝在淤积段的纵比降为6.7%。611号坝有淤积层厚度达110 cm,淤积量为2 703.7 t,拦沙模数为10 991 t/km^2,而紧紧相邻的TL1号坝,淤积量为1 677.29 t,拦沙模数为16 127 t/km^2。沟道比降越大,拦沙模数越大。

表3-8　小理河流域611号坝与TL1号坝主沟道纵比降对比

611号坝			TL1号坝		
距坝的距离(m)	海拔(m)	纵比降(%)	距坝的距离(m)	海拔(m)	纵比降(%)
92	1 025.31	3.5	157	1 053.82	6.7

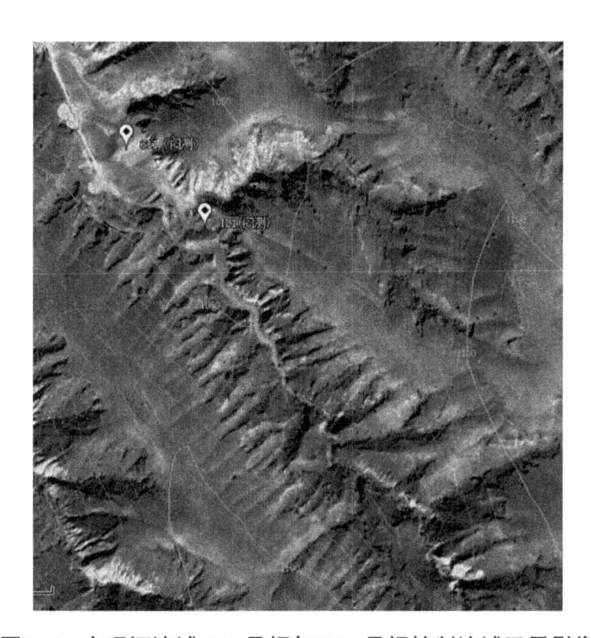

图3-7　小理河流域611号坝与TL1号坝控制流域卫星影像

3.5　结　论

本章通过调查小理河646座淤地坝,确定了215座具有淤积量的淤地坝开展淤积量实地测量工作。根据淤积量测量结果,得出如下主要结论:

(1)通过调查小理河646座淤地坝和实地测量215座淤地坝泥沙淤积量,构建了小理河流域淤地坝基本信息数据库;构建了“7·26”暴雨下,小理河流域淤地坝拦沙情况数据库。

（2）通过 ArcGIS 软件，分析获取了 215 座淤地坝坝控流域面积，计算得到了“7 · 26”暴雨小理河淤地坝拦沙模数，推算出小理河流域平均侵蚀模数，为年度咨询提供了数据支持。

（3）降水量是影响淤地坝泥沙淤积量的主要因素，降水量与淤地坝淤积量呈现正相关幂指数关系；坝控面积与淤地坝淤积量也呈现正相关为二次多项式关系。

第 4 章　淤地坝控制小流域的沟道侵蚀产沙研究

4.1　西柳沟流域侵蚀环境分析

4.1.1　流域概况

西柳沟是内蒙古“十大孔兑”之一,发源于内蒙古鄂尔多斯市东胜区柴登镇宗兑村张家山,向北注入黄河。西柳沟河道全长 106.5 km,流域面积 1 356 km^2,其中龙头拐水文站以上集水面积 1 165 km^2。从行政区划上看,除最上游小部分流域属于东胜区外,其他约 83%的流域属于达拉特旗。从地貌上看,西柳沟自南向北穿越三个地貌单元:上游为黄土丘陵沟壑区,面积 876.3 km^2,占流域总面积的 64.6%;中游为库布齐沙漠,主要为低矮垄状的固定沙丘和半固定沙丘,占总面积的 20.7%;下游为冲洪积扇,占总面积的 14.7%。西柳沟流域沟壑密度为 3~4 km/km^2(见图 4-1)。

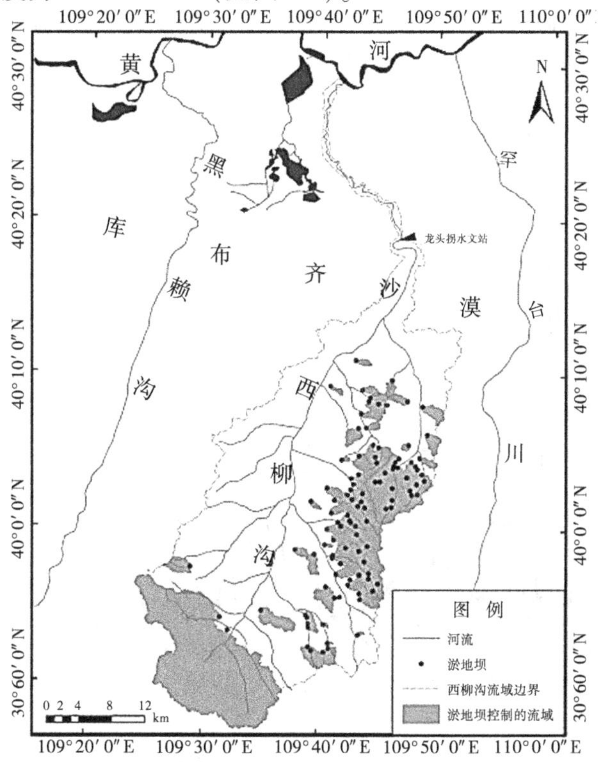

图 4-1　西柳沟流域

西柳沟流域把口站为龙头拐水文站。龙头拐水文站建立于1960年,期间曾两次搬迁观测站点位置,1965年6月1日由最初的站址下迁70 km,改为龙头拐(二)站,1969年7月1日由龙头拐(二)站上迁1 500 m,改为龙头拐(三)站。西柳沟流域内有龙头拐、高头窑、柴登壕及韩家塔等气象站。

西柳沟流域多年平均降水量305.9 mm,降水量年内主要集中在6~9月,约占多年平均年总降水量的80.4%,其中又以7月、8月降水最集中,降水量占年均总降水量的比例分别为28.4%、27.8%。

西柳沟流域年均蒸发量2 200 mm,干旱指数>7,是典型的干旱大陆性季风气候。年平均气温6.1 ℃,年无霜期140 d左右,大于或等于10 ℃的年有效积温为2 942.1 ℃;年均风速3.1 m/s,风向多为西北风,风力在5~8级,全年大于或等于8级风的发生日数为26.9 d。

西柳沟地面物质主要由白垩系的砂岩和砂砾岩(砒砂岩)组成,土壤主要是由砒砂岩衍生形成的栗钙土、粗骨土、风沙土和其他类型土。地表土壤组成包括盖沙砒砂岩区、盖黄土砒砂岩区和裸露砒砂岩区3个地貌类型区,土层厚度在10~100 cm,植被盖度很低。西柳沟流域水土流失面积约为811.7 km^2,占龙头拐水文站以上沟壑区面积的92.6%。

4.1.2　水沙变化

据西柳沟龙头拐水文站观测,西柳沟多年平均径流量3 218万m^3(1960~2014年),平均流量0.95 m^3/s,年输沙量354.06万t(1960~2017年),年均含沙量112.70 kg/m^3(1960~2014年);最大洪峰流量6 940 m^3/s(1989年),最大含沙量1 550 kg/m^3(1973年)。

图4-2是西柳沟流域自建站以来年径流量及年输沙量的变化,从图4-2中可以看出,径流量及输沙量的年际差异很大,最大年径流量为1.49亿m^3(1962年),最小年径流量为736万m^3(2011年),最大年输沙量4 749万t(1989年),至2015年年输沙量只有0.81万t。

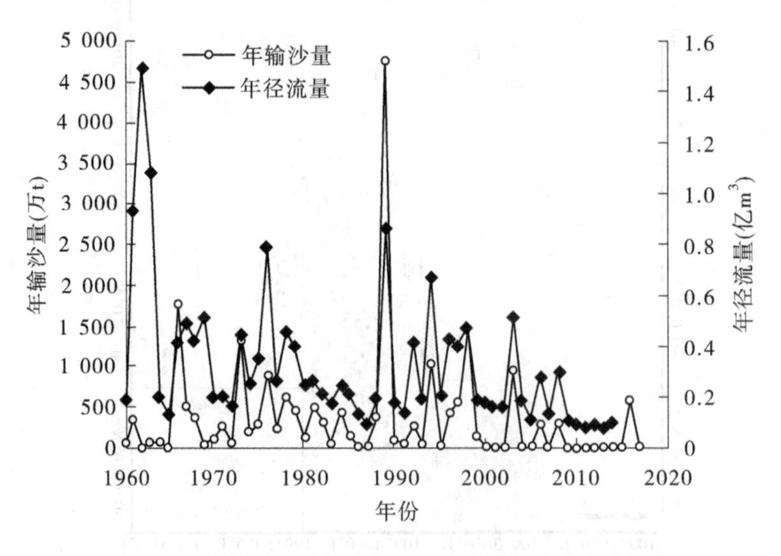

图4-2　西柳沟龙头拐水文站年径流量和年输沙量变化

由于受暴雨当地自然条件的影响,西柳沟土壤侵蚀十分严重,如1989年在强降雨的影响下,输沙模数达到4.3万 t/km^2,造成洪水泥沙危害十分严重。据统计,在1958~2010年的53年间,西柳沟先后发生过15次较大的山洪灾害和7次洪水泥沙堵塞黄河的重大事件。其中,1998年7月5日和7月12日两次暴雨,西柳沟暴发山洪,洪峰流量达1 800 m^3/s,含沙量1 350 kg/m^3,洪水入黄后淤积成1条长10 km、宽1.5 km、高6.7 m、淤积量达1亿 m^3 的沙坝,堵塞了黄河,淹没庄稼800 hm^2;同时,西柳沟入黄口与包头钢铁公司取水口隔河相对,使得包钢3个取水口连续2次被泥沙堵塞。

4.1.3 淤地坝拦沙量分析

淤地坝改变了径流泥沙的分配,因此淤地坝逐年拦沙量的还原计算是进行流域侵蚀量分析的数据基础,通过对淤地坝逐年拦沙量的还原计算才能较为准确地分析西柳沟流域的侵蚀强度的分布,进而分析研究区域坡面和沟道的侵蚀强度。在黄河流域水土流失综合治理体系中,淤地坝是重要的水土保持工程措施,淤地坝的主要作用在于拦沙、淤地,同时在客观上起到了滞洪的作用。根据2011年第一次全国水利普查数据,黄土高原建设有淤地坝58 466座,其中骨干坝5 655座,中小型坝52 000座。在有大量淤地坝分布的流域泥沙输出量显著减少,如果仍然用输沙量代替土壤侵蚀量计算流域侵蚀强度就会造成明显的误差,因此经常要考虑淤地坝的拦沙量问题,尤其需要淤地坝逐年的拦沙量数据。为了了解淤地坝的拦沙量和运行情况,黄河上中游管理局、水利部等有关管理部门曾经在1999年、2008年和2011年3次对黄河流域淤地坝进行大规模调查,其后不少学者根据这几次调查成果对部分流域淤地坝拦沙总量进行过估算,并据此计算了多年平均拦沙量。但是,对于某个流域来说,淤地坝的拦沙量在年际间的变化是很大的,仅有淤地坝拦沙总量在进行年尺度的数据分析和应用时仍然存在很大的困难。

对淤地坝逐年拦沙量的计算还是一个难点。有少数学者对淤地坝的逐年拦沙量的计算方法进行了探索,例如刘勇、冉大川采用淤地坝坝地面积与单位坝地面积上拦泥定额的乘积估算的方法计算淤地坝年拦沙量,但是由于坝地面积和拦泥定额的测算都具有较大的随意性,这种方法计算结果精度也比较差。一些学者尝试根据淤地坝坝库中泥沙的沉积旋回及^{137}Cs技术分析淤地坝的逐年拦沙量,但这种方法工作量很大,只能应用于少数淤地坝的测量,如果据此估算全流域淤地坝逐年拦沙量则结果是不可靠的。韩向楠等根据对典型淤地坝的实际测量结果估算了整个小流域淤地坝的拦沙量,但是显然这种方法不能应用于侵蚀环境变化较大的大的流域,估算精度也不高。总之,目前对较大流域上淤地坝逐年拦沙量的计算是一个需要解决但是还没有很好方法解决的问题。针对这一问题,本章引入侵蚀强度、拦沙率、水库控制面积三个因素建立计算模型对淤地坝逐年拦沙量的分配进行了反演计算,并引入USLE模型对淤地坝在地域上分布不均的情况进行了校正。

西柳沟淤地坝建设开始于2000年,至2016年存在有淤地坝107座,主要分布于上游中部右侧。从西柳沟流域淤地坝建设过程看,2005~2010年是淤地坝建设的增长最快的时期,2012年以后淤地坝的建设基本上处于停滞状态。现有淤地坝控制面积218.22 km^2,总库容5 008.05万 m^3,可淤积库容2 540.97万 m^3,2013~2016年没有新的淤地坝建设。

2016年汛后内蒙古自治区水土保持局对西柳沟流域淤地坝淤积量进行过测量,测量的结果为 580.87 万 m^3，按照 1.35 g/cm^3 的密度计算为 784.18 万 t。

淤地坝淤积比是淤地坝的拦沙量与可淤积库容的比。根据 2016 年汛后对淤地坝淤积量的实测数据，计算得至 2016 年淤地坝的淤积比(见图 4-3)。从图 4-3 可以看到，西柳沟流域即使同一年份建成的淤地坝，但是它们泥沙淤积的情况很不同，淤积比变化很大，说明在西柳沟这样的干旱区域，在降水、地形、土壤等差异的影响下，同一个流域内不同区域侵蚀产沙情况就有很大差异。从图 4-3 也可以看到，西柳沟流域淤地坝主要分布在上游左侧的中下段，这主要是由于这些地区盖沟道密度和深度较大，土壤侵蚀强烈。

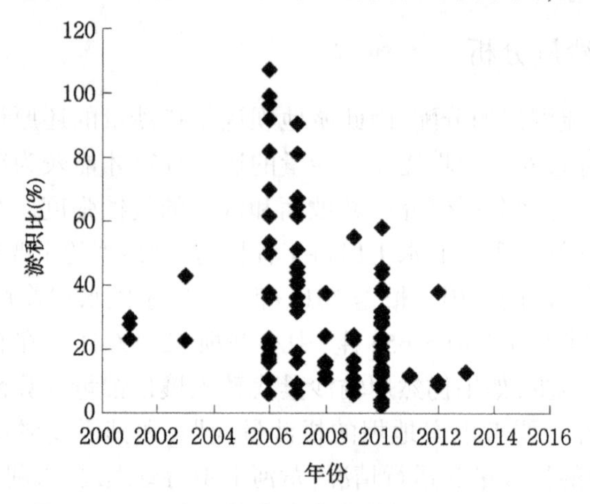

图 4-3　2016 年西柳沟流域淤地坝淤积比的分布

考虑在年时间尺度上，淤地坝的拦沙量主要受到 3 个因素的影响：淤地坝的控制面积、坝控制面积上的土壤侵蚀强度、淤地坝的拦沙率。其中，拦沙率定义为当年进入淤地坝坝库的泥沙量与在坝库中淤积的泥沙量的比，即

$$S_i = A_i E_i \xi_i \tag{4-1}$$

式中：S_i 为淤地坝第 i 年的拦沙量，t；A_i 为第 i 年淤地坝坝控面积，km^2；E_i 为第 i 年淤地坝控制流域面上的平均侵蚀强度，t/km^2；ξ_i 为第 i 年淤地坝的拦沙率。

淤地坝自建成运用至实测年份的总淤积量可表示为

$$S_t = \sum_{i=1}^{n} (A_i E_i \xi_i) \tag{4-2}$$

式中：S_t 为淤地坝自建成至实测年份的总淤积量，t；n 为淤地坝自建成至实测年份的年数。

考虑到流域内淤地坝建设的数量和控制面积是逐年变化的，式(4-2)也可表示为淤地坝控制面积的逐年累计值与淤地坝控制流域平均侵蚀强度及淤地坝平均拦沙率的乘积：

$$S_t = A_t \overline{E\xi} \tag{4-3}$$

其中

$$A_t = \sum_{i=1}^{n} A_i \tag{4-4}$$

$$\overline{E} = \frac{\sum_{i=1}^{n}(A_i E_i)}{\sum_{i=1}^{n} A_i} \tag{4-5}$$

$$\overline{\xi} = \frac{\sum_{i=1}^{n}(A_i E_i \xi_i)}{\sum_{i=1}^{n} A_i} \tag{4-6}$$

式中:A_t 为淤地坝控制面积的累计值,km^2;$\overline{E}$ 为淤地坝控制流域侵蚀强度的加权平均值,t/km^2;$\overline{\xi}$ 为淤地坝拦沙率的加权平均值。

根据式(4-3),在已有淤地坝总拦沙量实测数据的条件下,淤地坝某一年的拦沙量可以表示为

$$S_i = S_t \frac{A_i}{A_t} \frac{E_i}{\overline{E}} \frac{\xi_i}{\overline{\xi}} \tag{4-7}$$

西柳沟龙头拐水文站以上流域产沙量可以用龙头拐站输沙量与淤地坝拦沙量的和来表示。即

$$G_i = S_i + D_i \tag{4-8}$$

式中:G_i 为第 i 年全流域侵蚀产沙量,t;D_i 为第 i 年龙头拐站输沙量,t。

由式(4-8),淤地坝控制流域侵蚀强度可以表示为

$$E_i = \frac{D_i + S_i}{A} \times k_i \tag{4-9}$$

式中:k_i 为第 i 年淤地坝控制流域侵蚀强度与西柳沟全流域侵蚀强度的比例;A 为西柳沟龙头拐以上流域面积,km^2。

将式(4-9)代入式(4-7)并整理得:

$$S_i = \frac{A_i S_t D_i K_i \frac{\xi_i}{\overline{\xi}}}{A A_t \overline{E} - S_t A_i K_i \frac{\xi_i}{\overline{\xi}}} \tag{4-10}$$

在式(4-10)中,参数 S_t、A_i、A、A_t、D_i 可由实测资料直接计算确定,下面阐述参数 $\overline{E}$、k_i、$\frac{\xi_i}{\overline{\xi}}$的计算方法。

(1)$\overline{E}$ 值的计算:

根据式(4-8),西柳沟龙头拐以下流域在全计算时段内侵蚀产沙量等于全部淤地坝的拦沙量与龙头拐水文站逐年输沙量的和,即

$$G_t = S_t + \sum_{i=1}^{n} D_i \tag{4-11}$$

式中：G_t 为龙头拐以上流域在计算时段内侵蚀产沙量，t。

淤地坝总的拦沙量及水文站输沙量是已知的实测资料。龙头拐以上流域在计算时段内平均侵蚀强度是一个可以直接计算的值：

$$\overline{E_A} = \frac{S_t + \sum_{i=1}^{n} D_i}{nA} \tag{4-12}$$

淤地坝控制流域在计算时段内平均侵蚀强度与 $\overline{E_A}$ 的是与 K_i 有关的常量：

$$\overline{E} = \overline{E_A} \frac{\sum_{i=1}^{n}(A_i K_i)}{\sum_{i=1}^{n} A_i} \tag{4-13}$$

（2）k_i 值的计算。

对全流域和淤地坝控制流域产沙强度的计算采用通用土壤侵蚀流失方程（USLE）进行计算。USLE 模型的结构为

$$A_w = RKLSCP \tag{4-14}$$

式中：A_w 为单位面积上水力侵蚀土壤流失量，t/hm²；R 为降雨侵蚀力因子，MJ · mm/(hm² · h)；K 为土壤可蚀性因子，t · hm² · h/(hm² · MJ · mm)；L 为坡长因子；S 为坡度因子；C 为植被覆盖度；P 为水土保持措施因子。

降雨侵蚀力因子的计算采用 Remard 提出的公式；2000～2010 年降水资料来自中国气象数据网，2011～2016 年降水资料来自黄河水情信息查询及会商系统。土壤可蚀性因子（K）的计算采用第一次全国水利普查对土壤侵蚀强度计算的计算公式。土壤类型分布数据来自中国科学院资源与环境科学数据中心网站，分辨率为 1 000 m。根据分辨率为 30 m 的 NDVI 数据采用 Van Remorte 提出的方法计算坡度和坡长。坡长因子（L）的计算采用 LIU B Y 等提出的计算公式，坡度因子的计算采用 LIU B Y 等在黄土高原建立的公式。采用归一化植被指数（*NDVI*）单因子计算 C 值的分布。*NDVI* 数据来自地理空间数据云，采用 8 月 MODIS 卫星中国 500 m NDVI 月合成数据，分辨率为 500 m。通过试算确定农田 P 值取 0.30，其他土地利用类型取 1。土地利用类型数据来自中国科学院资源与环境科学数据中心网站，分辨率为 1 000 m。

根据式（4-14）分别计算龙头拐以上流域土壤侵蚀量及淤地坝控制流域土壤侵蚀量，则有：

$$k_i = \frac{A_{wyi}/A_i}{A_{wti}/A} \tag{4-15}$$

式中：A_{wyi} 为第 i 年淤地坝控制流域产沙量，t；A_{wti} 为第 i 年淤地坝控制流域产沙量，t。

根据以上方法分别计算全流域平均土壤侵蚀强度及淤地坝控制流域土壤侵蚀强度，计算可得西柳沟流域 2000～2016 年逐年 k_i 值（见表 4-1）。

（3）拦沙率 ξ 的计算。

淤地坝拦沙系数的计算方法还没有见到公开发表的文献。根据有关文献对小型水库的研究，拦沙率的变化与剩余可淤积库容关系密切。这里定义剩余可淤积库容与初始可

淤积库容的比例称为剩余可淤积库容率。根据淤地坝拦沙的实际经验,拦沙率与剩余可淤积库容率的关系密切。

表 4-1　淤地坝控制流域与全流域侵蚀强度的比值

年份	2000	2001	2002	2003	2004	2005	2006	2007	2008
k_i	1.22	1.27	1.35	1.05	1.36	1.21	1.22	1.33	1.34
年份	2009	2010	2011	2012	2013	2014	2015	2016	
k_i	1.28	1.29	1.31	1.32	1.33	1.33	1.26	1.56	

由于淤地坝的拦沙率与可淤积库容率高度相关,因此有下式成立

$$\frac{\xi_i}{\overline{\xi}} \approx \frac{\psi_i}{\overline{\psi}} \tag{4-16}$$

式中:ψ_i 为第 i 年剩余可淤积库容率;$\overline{\psi}$ 为计算时段内多年平均剩余可淤积库容率的平均值。

因此,在保持一定计算精度的前提下可以用 $\psi_i/\overline{\psi}$ 代替 $\xi_i/\overline{\xi}$ 进行计算。

$\overline{\psi}$ 的理论值为:

$$\overline{\psi} = \sum_{i=1}^{n}\left(\frac{Cs_i}{Ck_i} \cdot \frac{A_iE_i}{A_tE_t}\right) \tag{4-17}$$

式中:Ck_i 为第 i 年可淤积库容,Cs_i 为第 i 年剩余可淤积库容。

由于 $\overline{\psi}$ 不容易计算,计算时将全部淤地坝按照建成年份分为不同的系列计算然后求和,对每一个系列来说:

$$\overline{\psi} \approx \frac{\psi_1 + \psi_n}{2} \tag{4-18}$$

式中:ψ_1 为淤地坝初始可淤积库容率;ψ_n 为计算时段最后一年淤地坝可淤积库容率。

实际计算的结果显示,式(4-16)及式(4-18)所引入的误差,造成一次计算不能将总淤积量全部分配到计算时段内的各年,剩余量为总量的 7.62%。将剩余量作为总拦沙量再次进行计算,反复这一过程直到把总淤积量基本分完,然后对计算得到的各年的分配量求和。

表 4-2 是在已知西柳沟流域淤地坝全部泥沙淤积量为 580.87 万 m^3,按照淤积泥沙干密度 1.35 g/cm^3 计算为 784.18 万 t 的已知条件下,根据以上建立的计算方法对泥沙量进行逐年分配得到的计算结果。

从计算结果可见,随着西柳沟流域淤地坝建成数量及控制流域面积的增大,淤地坝拦沙量逐步增大。但是,由于西柳沟属于干旱地区,降水量的年际变化很大,土壤侵蚀强度的年际变化也很大,淤地坝的拦沙量主要集中在 2003 年、2006 年、2008 年和 2016 年这几个降水量比较大的年份,其他年份拦沙量很少。特别是 2016 年,当年的拦沙量比 2000~2015 年全部拦沙量的和还多(见表 4-2)。这也反映了当地淤地坝拦沙主要集中在少数几个年份的实际情况。

表 4-2 西柳沟流域淤地坝逐年拦沙量计算结果

年份	拦沙量(万 t)	年份	拦沙量(万 t)	年份	拦沙量(万 t)
2000	0.008 1	2006	85.711 3	2012	3.554 2
2001	0.166 0	2007	1.511 3	2013	0.818 2
2002	0.064 1	2008	158.947 8	2014	15.652 0
2003	113.417 0	2009	0.217 0	2015	0.765 6
2004	0.324 4	2010	0.613 0	2016	401.696 1
2005	0.062 9	2011	0.650 8		

4.2 对面蚀和沟蚀产沙量的分析

西柳沟流域处于砒砂岩、风沙分布区，土壤侵蚀十分严重，是黄河粗泥沙的重要来源区。西柳沟流域水土保持综合治理始于 20 世纪 60 年代，但在 90 年代以前因投入少、治理规模小而收效甚微，从 1999 年开始流域内实施退耕还林还草、淤地坝建设等水土保持综合治理措施，逐渐取得了显著的效果。近年来，西柳沟流域土壤侵蚀强度显著降低，入黄沙量显著减少，不少学者对其水沙变化的原因进行了探讨，但是由于土壤侵蚀、水沙变化原因非常复杂，因此对诸如坡面和沟道对产流产沙的贡献、在极端暴雨条件下可能的侵蚀产沙量及泥沙来源等还没有较为一致的认识。

2016 年 8 月 16 日至 18 日，内蒙古鄂尔多斯市出现了一次强降水天气(暴雨时段主要发生在 8 月 17 日，简称“8·17”暴雨)，西柳沟流域中上游位于该次暴雨的中心区域(见图 4-4)。由山洪预警平台降水量监测资料可知，该次暴雨 24 h 降水量超过 100 mm

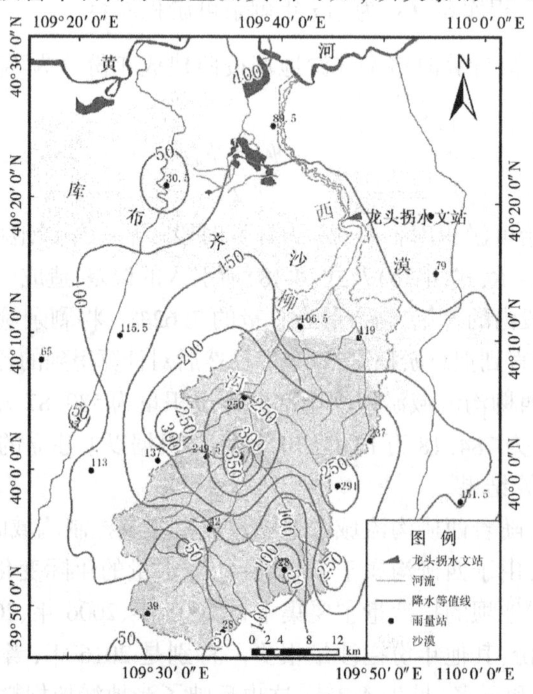

图 4-4 西柳沟流域“8·17”暴雨等值线 (单位:mm)

的监测站点有 33 个,其中高头窑站降水量达 404 mm。受此次降水的影响,西柳沟出现了 1989 年以来的最大洪水,龙头拐站洪峰流量 2 760 m^3/s(出现在 8 月 17 日 15 时),最大含沙量为 149 kg/m^3,输沙总量为 539 万 t。此次降水为研究暴雨条件下西柳沟流域土壤侵蚀强度、泥沙来源等提供了条件。

4.2.1　坡面侵蚀量的计算模型

西柳沟流域土壤侵蚀产沙包括坡面侵蚀产沙和沟道侵蚀产沙,USLE 模型适用于计算坡面上的土壤侵蚀量,但是不能用于计算沟道侵蚀。采用通用土壤流失方程(USLE)计算坡面产沙量。USLE 模型的形式为

$$A_w = RKLSCP \tag{4-19}$$

式中:A_w 为单位面积上水力侵蚀土壤流失量,t/hm^2;R 为降雨侵蚀力因子,$MJ \cdot mm/(hm^2 \cdot h)$;$K$ 为土壤可蚀性因子,$t \cdot hm^2 \cdot h/(hm^2 \cdot MJ \cdot mm)$;$L$ 为坡长因子;S 为坡度因子;C 为植被覆因子;P 为水土保持措施因子。

(1)降雨侵蚀力因子 R 的计算。采用日降雨侵蚀力计算公式:

$$R = 0.241\ 1 P_d I_{30\,d} \tag{4-20}$$

式中:P_d 为日降水量,mm;$I_{30\,d}$ 为日最大 30 min 雨强,mm/h。

降雨侵蚀力的计算结果如图 4-5 所示。

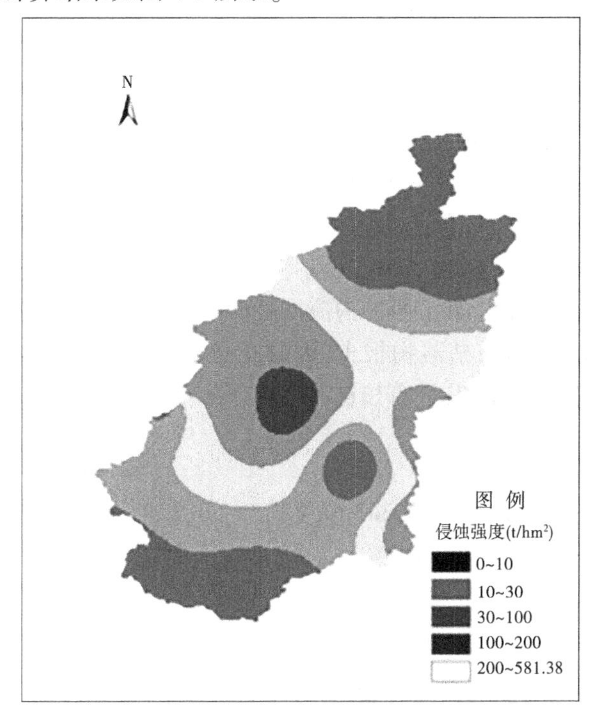

图 4-5　降雨侵蚀力因子 R 值分布

(2)土壤可蚀性因子 K 的计算。土壤可蚀性因子计算公式采用第一次全国水利普查水土保持情况普查专项普查采用的公式:

$$K = \left\{0.2 + 0.3\exp\left[-0.0256S_a\left(1 - \frac{S_i}{100}\right)\right]\right\}\left(\frac{S_i}{S_y + S_i}\right)^{0.3} \cdot \left[1 - \frac{0.25C}{C + \exp(3.72 - 2.95C)}\right]\left[1 - \frac{0.7S_n}{S_n + \exp(22.9S_n - 5.51)}\right] \tag{4-21}$$

式中：S_a 为砂粒（0.05～2.00 mm）含量（%）；S_i 为粉砂（0.002～0.05 mm）含量（%）；S_y 为黏粒（<0.002 mm）含量（%）；$S_n = 1 - S_a/100$；C 为有机碳含量（%）。

土壤类型分布数据来自中国科学院资源与环境科学数据中心网站（http://www.resdc.cn/），分辨率为 1 000 m。根据张科利等提出的方法对式（4-21）计算结果进行校正。

（3）坡长因子 L 和坡度因子 S 的计算。根据分辨率为 30 m 的 *NDVI* 数据，采用 Van Remorte 等提出的方法计算坡长和坡度，采用 Liu B Y 等提出的公式计算坡长因子 L 和坡度因子 S。坡长因子 L 的计算公式为

$$L = (\lambda/22.1)^m \tag{4-22}$$

其中

$$m = \begin{cases} 0.2 & (\theta \leqslant 1^\circ) \\ 0.3 & (1^\circ < \theta \leqslant 3^\circ) \\ 0.4 & (3^\circ < \theta \leqslant 5^\circ) \\ 0.5 & (\theta > 5^\circ) \end{cases} \tag{4-23}$$

坡度因子 S 的计算公式为

$$S = \begin{cases} 10.8\sin\theta + 0.03 & (\theta < 5^\circ) \\ 16.8\sin\theta - 0.5 & (5^\circ \leqslant \theta < 10^\circ) \\ 21.9\sin\theta - 0.96 & (\theta \geqslant 10^\circ) \end{cases} \tag{4-24}$$

式中：λ 为坡长，m；m 为经验指数；θ 为坡度，（°）。

地形因子 *LS* 值的计算结果如图 4-6 所示。

（4）植被覆盖因子 C 的计算。西柳沟流域坡面上的主要植被类型为耐旱的稀疏草本和小灌木，夏季地面上的植被枯落物很少，因此在此主要考虑植被覆盖对土壤侵蚀的影响，采用归一化植被指数（*NDVI*）计算植被覆盖因子 C：

$$C = \begin{cases} 1 & (V_C = 0) \\ 0.6508 - 0.3436\lg V_C & (0 < V_C < 78.3\%) \\ 0 & (V_C \geqslant 78.3\%) \end{cases} \tag{4-25}$$

其中

$$V_C = 108.49I_C + 0.717 \tag{4-26}$$

式中：V_C 为植被盖度（%）；I_C 为 *NDVI* 值。

NDVI 数据源自地理空间数据云，采用 8 月 MODIS 卫星 500 m NDVI 月合成数据，分辨率为 500 m（见图 4-7）。

采用 *NDVI* 值计算植被覆盖度（见图 4-8），从而得到植被覆盖因子的分布，如图 4-9 所示。

图 4-6　西柳沟流域地形因子(*LS*)值的分布

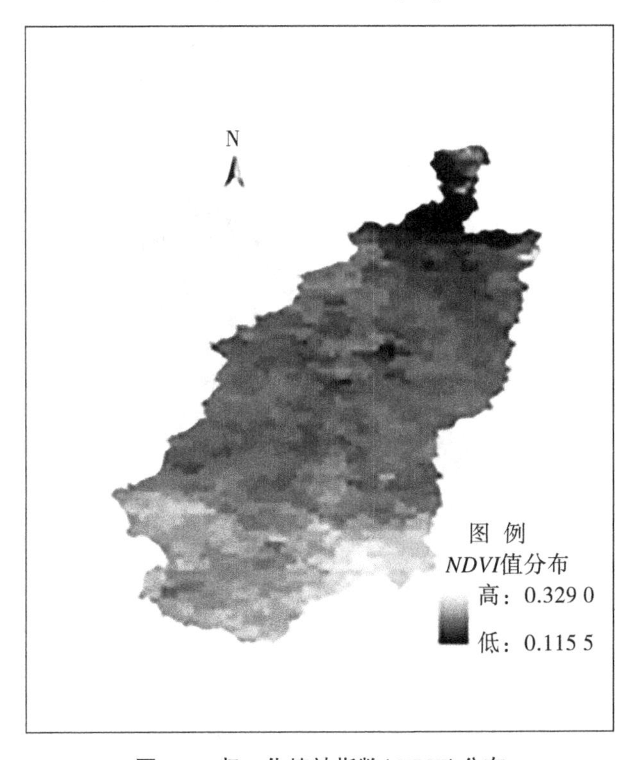

图 4-7　归一化植被指数(*NDVI*)分布

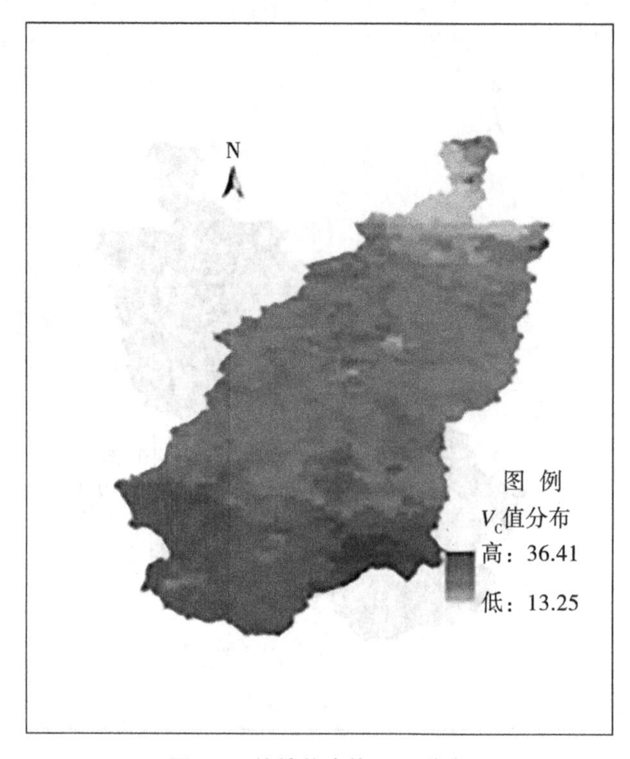

图 4-8 植被盖度值(V_C)分布

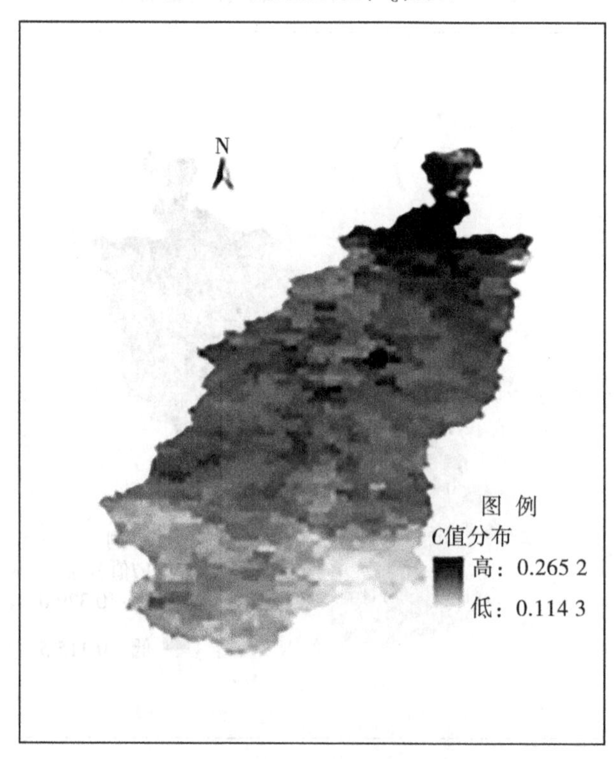

图 4-9 C 值分布

(5)水土保持措施因子 P 的计算。

P 值定义为在其他条件相同的情况下,布设某一水土保持措施的坡地土壤流失量与无任何水土保持措施的坡地土壤流失量之比值。P 值的大小介于 0 和 1 之间。根据西柳沟土地利用类型估算 P 值的分布。西柳沟土地利用类型资料来自中国科学院资源与环境数据中心 2010 年中国土地利用现状遥感监测数据(http://www.resdc.cn/),分辨率为 1 000 m(见图 4-10)。根据有关研究成果并经过试算调整对不同土地利用类型的 P 值进行了赋值(见表 4-3),然后得到的 P 值的分布图(见图 4-11)。

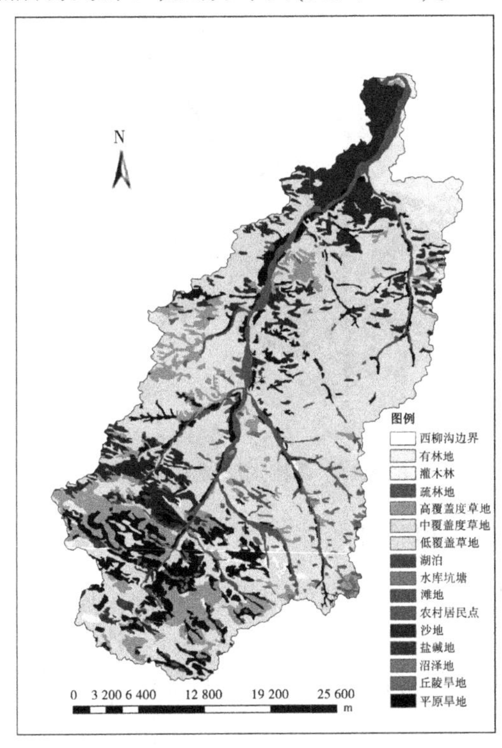

图 4-10　西柳沟流域土地类型分布

表 4-3　西柳沟流域不同土地利用类型水土保持措施因子 P 取值

土地利用类型	水土保持措施因子 P 取值	土地利用类型	水土保持措施因子 P 取值
有林地	0.90	滩地	0.1
灌木林地	0.55	农村居民点	0.1
疏林地	1.00	沙地	0.45
高覆盖度草地	1.00	盐碱地	1.00
中覆盖度草地	1.00	沼泽地	0.10
低覆盖度草地	1.00	丘陵旱地	1.10
湖泊	0	平原旱地	1.00
水库/坑塘	0		

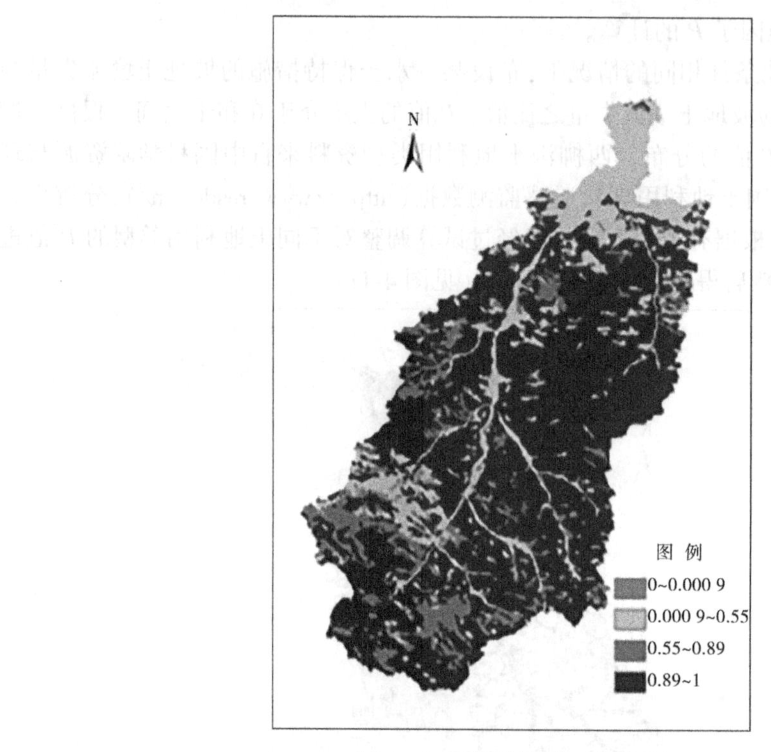

图 4-11 西柳沟流域 P 值分布

4.2.2 模型参数的率定和验证

USLE 模型科学地考虑了土壤侵蚀的主要影响因素，但是由于目前还存在一些不能量化的因素，在一个比较大的流域内对植被覆盖、耕作、管理等因子的平均状况等进行准确赋值还存在困难，在计算单次降水的产沙量时可能产生较大的误差。因此，还必须对计算结果进行验证和校正。

为了对模型进行参数的校正，在“8 · 17”暴雨降水后的当年 10 月及次年 5 月，在西柳沟流域中选择了 6 个没有或仅有少量泥沙排出的淤地坝，对坝控小流域的产沙量、沟蚀和面蚀量进行了实地测量。测量的 6 个淤地坝位于西柳沟流域右侧支沟上，其位置信息及流域面积等基本情况如表 4-4 及图 4-12 所示。

表 4-4 测量的 6 个淤地坝情况

淤地坝编号	经度	纬度	控制面积（km^2）
1	E109°43′29″	N39°53′09″	0.33
2	E109°44′45″	N39°56′03″	1.45
3	E109°47′57″	N40°02′15″	3.68
4	E109°48′27″	N40°02′17″	0.87
5	E109°48′25″	N40°03′56″	2.88
6	E109°48′37″	N40°04′40″	1.55

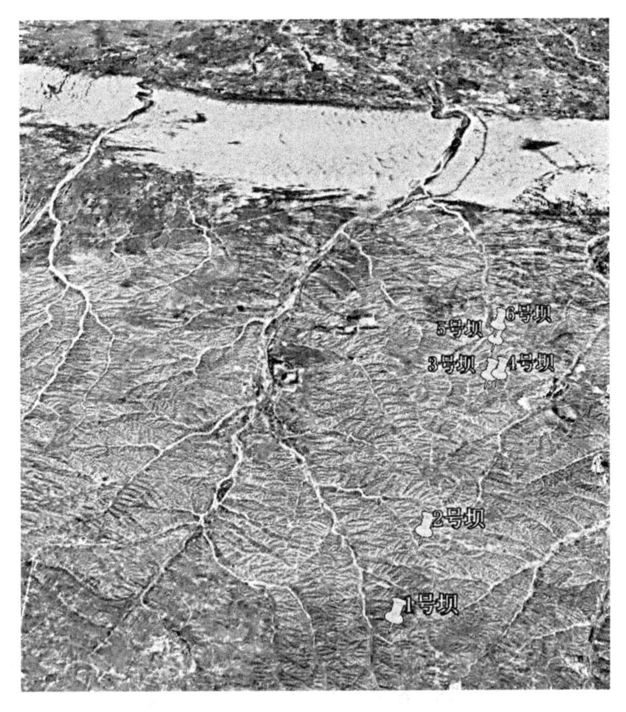

图4-12　测量的6个淤地坝的位置

由于坝控小流域沟道比较短,沟道对泥沙的调蓄作用不大,因此可以认为坝库的拦沙量等于坝控流域的侵蚀产沙量。对坝库中泥沙淤积量采用剖面法进行了详细的实地测量。通过实地测量6个小流域沟道下切侵蚀的平均深度和侧向侵蚀的平均宽度,结合无人机摄影分析沟道的数量、长度等指标,从而估算了该次暴雨洪水造成的沟道侵蚀量,结果见表4-5。

表4-5　西柳沟流域6座淤地坝坝控小流域侵蚀产沙量

淤地坝序号	坝制面积(km^2)	坝库淤积量(万t)	沟道侵蚀量(万t)				坡面侵蚀量(万t)
			沟头侵蚀量	沟床侵蚀量	沟坡侵蚀量	沟道总侵蚀量	
1	0.33	0.47	0.07	0.05	0.08	0.20	0.27
2	1.45	2.19	0.18	0.17	0.48	0.83	1.36
3	3.68	6.08	0.87	0.66	1.58	3.10	2.98
4	0.87	1.40	0.25	0.20	0.33	0.77	0.63
5	2.88	4.96	0.60	0.33	1.66	2.58	2.38
6	1.55	2.72	0.37	0.30	0.88	1.55	1.17

采用上述公式试算6个典型淤地坝坝控小流域坡面侵蚀产沙量并调整模型的参数,最后计算坡面侵蚀产沙量与实测坡面侵蚀产沙量的关系,见图4-13,可以看出,二者的相关关系较好,因此可以用上述公式计算西柳沟全流域坡面侵蚀产沙量。

4.2.3　坡面侵蚀量计算结果

采用上述公式应用ArcMap软件计算西柳沟流域各栅格单元上的土壤侵蚀强度,利

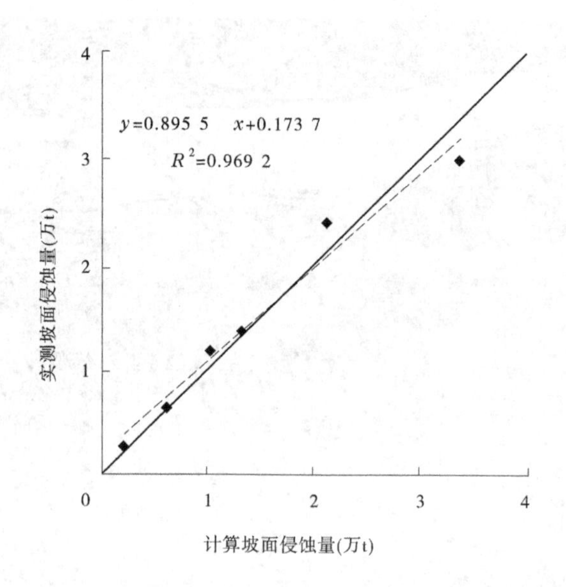

图 4-13　典型淤地坝坝控小流域坡面侵蚀产沙量计算值与实测值的关系

用建立的坡面土壤侵蚀产沙量实测值与计算值之间的关系式对计算结果进行校正，得到西柳沟流域侵蚀强度分布图，图形栅格大小为 30 m×30 m（见图 4-14）。统计计算得到龙头拐水文站以上流域平均坡面侵蚀强度为 4 099. 23 t/km²，坡面侵蚀产沙量为 477. 56 万 t。

从该次暴雨中土壤侵蚀强度的分布看，以中部区域侵蚀强度最大，向上下游两端侵蚀

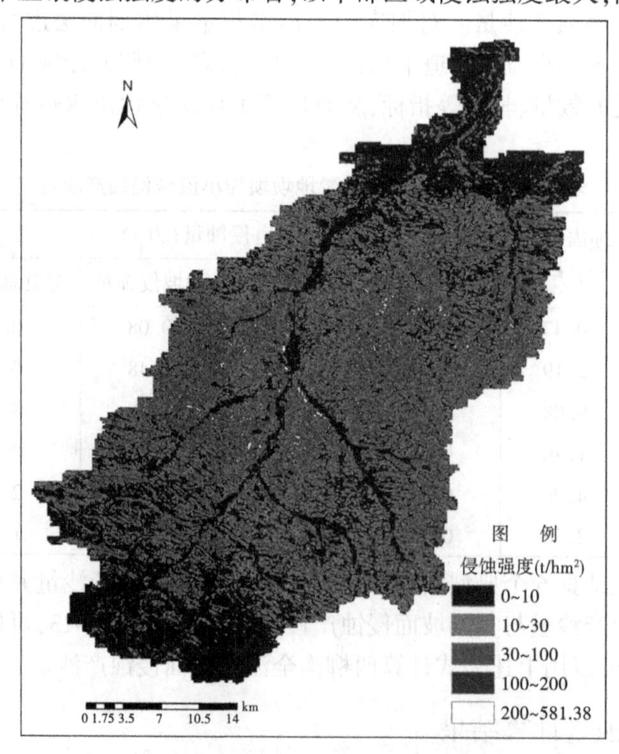

图 4-14　西柳沟流域坡面上土壤侵蚀强度分布

强度逐渐减小,这与降雨强度的分布基本一致。就西柳沟流域龙头拐以上流域看,北部是库布齐沙漠,由于沙地雨水入渗快,不易形成地面径流,因此沟道稀少,水力侵蚀量比较小,以风蚀为主;中部为盖黄土砒砂岩区,上覆沙黄土层厚度从北部的 1~2 m 减小到南部的十几厘米,上面的沙土利于雨水入渗,而下伏的砒砂岩入渗率小,有利于沟道发育,水力侵蚀和重力侵蚀都很严重,呈现出沟深坡陡的地形;南部区域砒砂岩出露,由于砒砂岩较黄土抗蚀性强,沟道较稀疏,水力侵蚀和重力侵蚀都不及中部强烈。此次暴雨中心正好落在有利于土壤侵蚀的中部区域,这是造成土壤侵蚀强烈的原因。

4.2.4　对沟道侵蚀产沙量的分析

根据如下公式估算沟道侵蚀产沙量:

$$E_1 = T_1 + C_s - C_a + C_r \tag{4-27}$$

$$E_g = E_1 - E_s \tag{4-28}$$

式中:E_1 为龙头拐以上流域产沙总量,万 t;T_1 为龙头拐输沙量,万 t;C_s 为淤地坝拦沙量,万 t;C_a 为冲毁淤地坝增沙量,万 t;C_r 为河道冲淤量,万 t;E_g 为龙头拐以上沟道侵蚀产沙量,万 t;E_s 为坡面侵蚀产沙量,万 t。

西柳沟流域有 107 座淤地坝,淤地坝在本次降雨过程中拦蓄了大量的泥沙。第 2 章中对西柳沟流域淤地坝在“8 · 17”暴雨中的拦沙量进行了计算为 401.70 万 t。

“8 · 17”洪水期间西柳沟流域有 10 座淤地坝被冲毁,根据实地观测资料估算,冲毁的坝体、坝内总增沙量为 26 万 t。根据实地观测,“8 · 17”洪水过后主河床稍微有所冲刷,而河漫滩上有薄层泥沙淤积,总体估算河床处于冲淤相对平衡状态,即河床冲淤量可以忽略不计。龙头拐水文站实测输沙量为 539.00 万 t,淤地拦沙量为 401.70 万 t,由此可以计算得到龙头拐以上流域侵蚀产沙总量为 914.70 万 t。上述模型计算的坡面侵蚀产沙量为 477.56 万 t,从而可以计算得到沟道中产沙量为 437.14 万 t,沟道侵蚀产沙量占全流域侵蚀产沙量的比例为 47.79%。

西柳沟龙头拐以上流域在“8 · 17”洪水期间侵蚀产沙量平衡计算结果统计见表 4-6。

表 4-6　龙头拐以上流域“8 · 17”暴雨洪水期间侵蚀产沙量平衡计算结果统计

(单位:万 t)

坡面产沙量	沟道产沙量	淤地坝拦沙量	龙头拐输沙量	侵蚀产沙总量	淤地坝冲毁增沙量
477.56	437.14	401.70	539.00	914.70	26.00

4.2.5　对小乌兰斯太 1 号骨干坝流域 2017~2019 年面蚀量的计算

2017 年、2018 年及 2019 年西柳沟流域汛期降雨等值线分布如图 4-15、图 4-16 及图 4-17 所示。

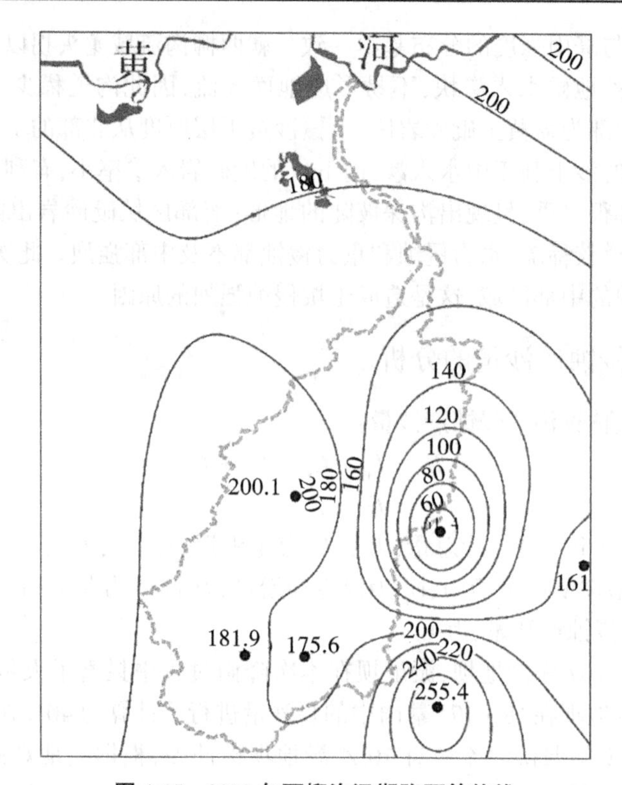

图 4-15　2017 年西柳沟汛期降雨等值线

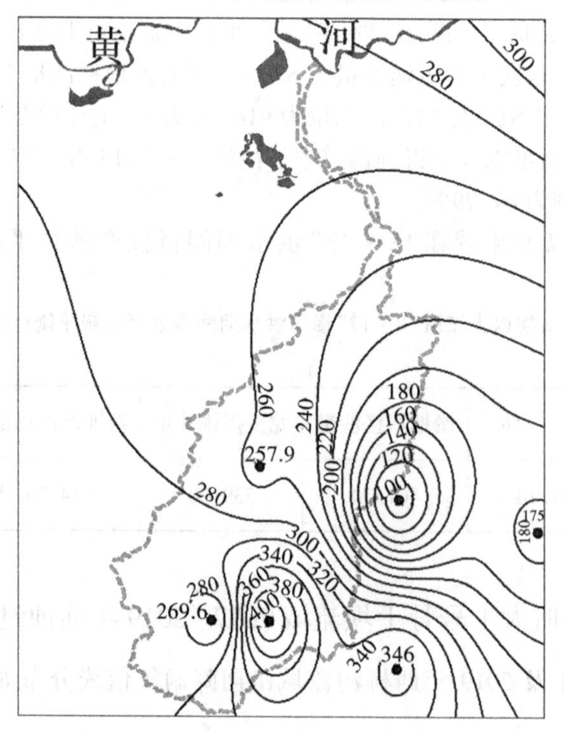

图 4-16　2018 年西柳沟汛期降雨等值线

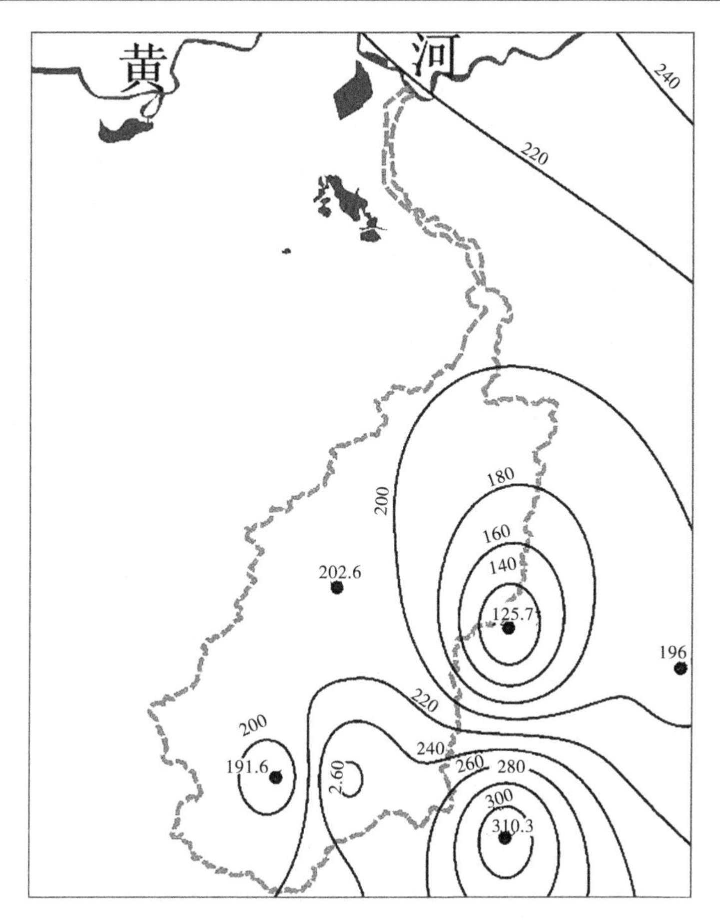

图 4-17　2019 年西柳沟汛期降雨等值线

采用上面建立并经过参数率定的 USLE 模型可对西柳沟 2017 年、2018 年及 2019 年汛期坡面侵蚀量进行计算,得到侵蚀强度分布图,从中裁剪出小乌兰斯太 1 号骨干坝控制的流域的侵蚀强度分布图,从而经统计计算得到小乌兰斯太 1 号骨干坝控制的流域在 2017~2019 年的坡面土壤侵蚀量,计算结果如表 4-7 所示。

表 4-7　小乌兰斯太流域 2017~2019 年坡面侵蚀量

项目	2017 年	2018 年	2019 年
坡面产沙量(万 t)	1 805.03	2 571.56	3638.25

4.3　沟道侵蚀观测及影响因素分析

沟道侵蚀是地形地貌、地质和土壤条件、人类活动以及气候变化等多种因子影响下的一种依赖临界地貌条件的过程。沟道侵蚀产沙是流域土壤侵蚀产沙的重要组成部分。从长时间尺度上看,沟道侵蚀强度主要受区域地壳升沉的控制,时间和气候是最主要的影响因素;从百年的时间尺度上看,沟道侵蚀受局部侵蚀基准面和气候周期性变化的控制;从年这一很短的时间尺度看,沟道侵蚀是水力、重力及风化侵蚀共同作用的结果,降雨、沟道形态、土体性质、温度、植被等都是重要的影响因素。

沟道可分为细沟、浅沟、切沟、冲沟、河沟等不同的发育阶段。处于不同发育阶段的沟道形态不同,主要表现为沟道深度、沟坡坡度、沟道纵比降、汇水面积等方面的差异,从而导致沟道侵蚀强度的不同。朱同新等,蔡强国,刘秉正等调查和讨论了处于不同发育阶段沟道的侵蚀特点,认为处于快速下切和展宽阶段的沟道中重力侵蚀占有很大的比例,而处于相对稳定阶段的沟道以水力侵蚀为主。蔡强国在羊道沟的实地调查表明,在切沟、冲沟、干沟和河沟四个沟谷发育阶段中重力侵蚀量的比重依次为3%、52%、40%和5%。韩鹏等的室内模拟试验表明,在细沟和浅沟的发育过程中,虽然以水力侵蚀为主要过程,但是也伴随着大量沟岸崩塌等小规模重力侵蚀现象,往往导致洪峰之后的退水阶段出现泥沙含量很高的沙峰。

从力学角度看,大于土体内摩擦角的坡面始终处于不稳定的状态。比如黄土的内摩擦角约为25°,因此在坡度小于25°的梁峁坡上主要表现为水力侵蚀,重力侵蚀现象十分微弱,而在坡度大于25°的沟坡上,随着土体暴露的时间延长,土体结构力和黏聚力逐渐下降,势必发生滑坡、滑塌、崩塌等重力侵蚀现象。野外实地观察可见,处于切沟阶段的沟道沟坡坡度很大,滑坡和崩塌发生概率比较高;处于冲沟阶段的沟道沟坡上常常可以看到连续的台阶状地形,显然是水力侵蚀和重力侵蚀共同作用的结果;处于干沟及河沟阶段的沟道沟坡坡度和相对高度较小,沟坡较和缓,主要受到水力侵蚀的作用。同一条沟道的上下游河段由于发育时间长度不同,沟道剖面形态差异明显,一般表现为上游沟道沟坡坡度大,沟道侵蚀(包括重力侵蚀)的强度明显比下游大。

从地貌部位上,沟道侵蚀可以分为沟头侵蚀、沟坡侵蚀、沟床侵蚀三个部分。沟头侵蚀一般从水力侵蚀开始,随着沟头的发育形成陡坎以后,重力侵蚀逐渐在沟头部位的侵蚀中占有重要地位。沟坡侵蚀是沟道拓宽的过程,侵蚀营力主要包括雨滴的溅蚀、水力冲刷侵蚀和不同规模的重力侵蚀,如滑坡、滑塌、崩塌、泻溜等类型。沟头和沟坡产生的泥沙进入沟床成为沟道产沙的沙源,沟道中泥沙的输出量决定了沟床在一定的时段内处于淤积或下切状态,同时泥沙的不断输出使得沟道进一步的侵蚀和演化得以不断进行。

4.3.1　沟头侵蚀

沟头溯源侵蚀是沟道长度发育的主要方式。在西柳沟的野外观测可见,沟头从形态上有两种类型:一种是沟头汇水面积相对较大,汇流量相对丰富的沟头,处于沟头发育的较年轻阶段,通过溯源侵蚀沟头延伸速度快,沟道的前部呈浅沟形态,后部呈切沟形态,在沟头的顶端陡坎发育不明显,沟头的相对深度较小;另一种是沟头接近分水岭部位,汇水面积变小,沟头延伸变慢,沟头形态逐渐变得宽而深,这种形态是在不断进行的侧向和下切侵蚀作用下逐渐形成的,在沟头缓慢延伸的过程中伴随着崩塌、剥落等小型重力侵蚀过程。沟头快速溯源侵蚀的阶段在沟道的发育过程中只占很短的时间,因而处于快速延伸阶段的沟头数量较少,根据实地观测,这部分沟头在西柳沟流域大约占10%,90%的沟头处于缓慢延伸的阶段。

在小乌兰斯太 1 号骨干坝控制的流域内,选择了 30 个沟头进行定期观测。主要观测沟头宽、深等形态特征,根据地形测量了每个沟头的集水面积,沟头每年的前进距离等。沟头深度是沟头陡坎上缘到第一个跌水坑底部的垂直高差,沟头宽度是沟头部位的平均宽度。对沟头前进距离观测方法是在沟头以上 2 m 的位置设置测钎,通过每年秋季(10~11 月)观测沟头与测钎的距离变化来测量沟头的前进距离。另外,在 2017 年 5 月,笔者根据侵蚀痕迹对 2016 年"8·17"暴雨对沟头的侵蚀特征进行了观测。

沟头发育的主要影响因素包括径流量、沟头的发育时间、土壤性质、植被等。汇水面积大的沟头一般规模较大,沟头宽度相对也较大;沙质等黏性低、抗蚀性低的土壤沟头宽度和深度相对较大,而在砒砂岩出露的区域由于砒砂岩抗蚀性相对较强,沟头宽度和深度较小;植被增加了雨水入渗量,减小了地面径流量,同时植被根系增大了土壤的抗蚀性,因此植被覆盖度较高的区域沟道沟头宽度和深度都较小;另外,沟头宽度随着沟道发育时间的延长受到侧蚀作用逐渐变宽,因此老沟头相对新沟头较宽深。实地观测的 30 个沟头都在小乌兰斯太 1 号淤地坝控制的流域内,土壤性质和植被状况较为一致,因而沟头发育的差异主要受到汇流面积和发育时间的影响。

4.3.1.1　沟头宽度和深度的关系

从实测的 30 个沟头的数据可以看到,大部分沟头宽度为 1~4 m,沟头深度为 0.5~1.5 m,沟头宽度和深度呈正相关关系,但是相关系数不高,关系比较散乱(见图 4-18)。

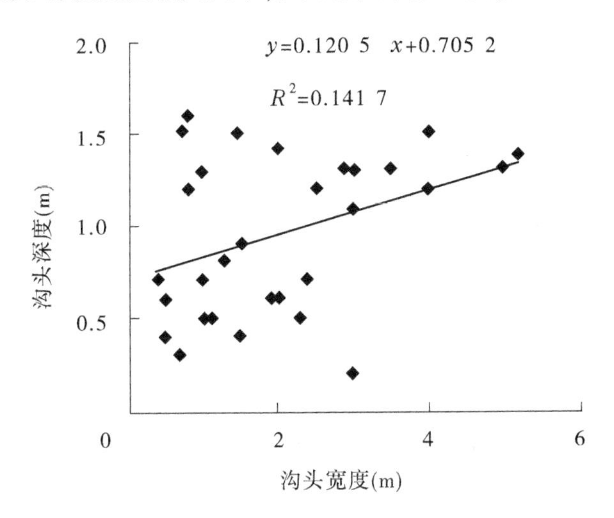

图 4-18　沟头宽度与深度的关系

4.3.1.2　沟头汇水面积与宽度及深度的关系

沟头的汇水面积可以在很大程度上代表沟头的相对径流量。从实测数据的沟头汇水面积与沟头宽度的关系可见,二者之间呈明显的正相关关系,但是相关系数比较低(见图 4-19)。沟头汇水面积与沟头深度之间也呈相关性很低的正相关关系(见图 4-20)。

可见,沟头宽度、深度、汇流面积这 3 个因素之间有正相关的趋势,但是相关性都不高,可能的原因是沟头的形态受到沟道的发育时间及其他偶然因素的影响很大。

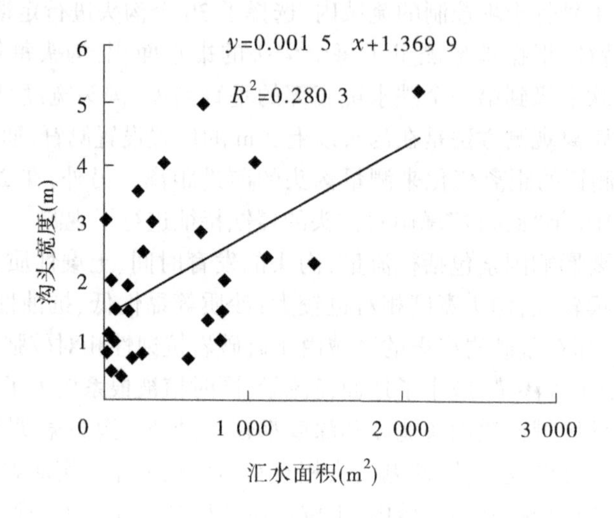

图 4-19　沟头汇水面积与沟头宽度关系

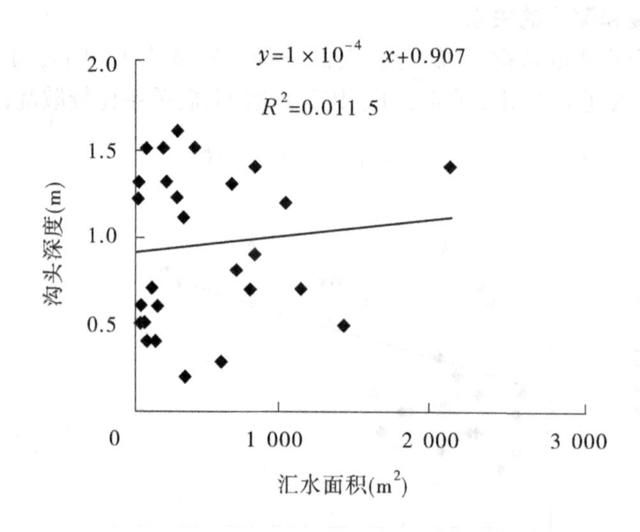

图 4-20　沟头汇水面积与沟头深度关系

4.3.1.3　沟头侵蚀量

沟头陡坎部位受到径流导致的溯源侵蚀的作用,同时在张性应力的作用区容易产生裂缝,从而导致崩塌等重力侵蚀,另外,在陡坎上也受到风化剥蚀作用。在干旱年份沟头前进的速度很慢,但是在强降雨的情况下,丰富的径流会导致沟头有明显的前进。例如,2016 年“8 · 17”暴雨过后,西柳沟流域大部分沟头都有明显的侵蚀,有的沟头前进距离达到数米。我们根据侵蚀痕迹粗略地测量了 30 个沟头在“8 · 17”暴雨作用下侵蚀前进的距离(见图 4-21),可见沟头汇水面积与沟头前进距离有较好的正相关关系。根据沟头部位的平均宽度、深度及前进距离估算“8 · 17”暴雨后沟头部位的土壤侵蚀量与汇水面积的关系,可见沟头侵蚀量与沟头汇水面积之间也有较好的正相关关系(见图 4-22),说明在强降雨的条件下降雨是影响沟头侵蚀的主要因素。

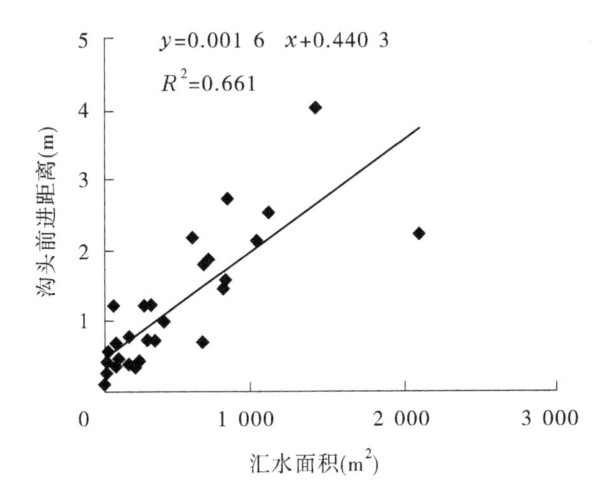

图 4-21　2016 年沟头汇水面积与沟头前进距离的关系

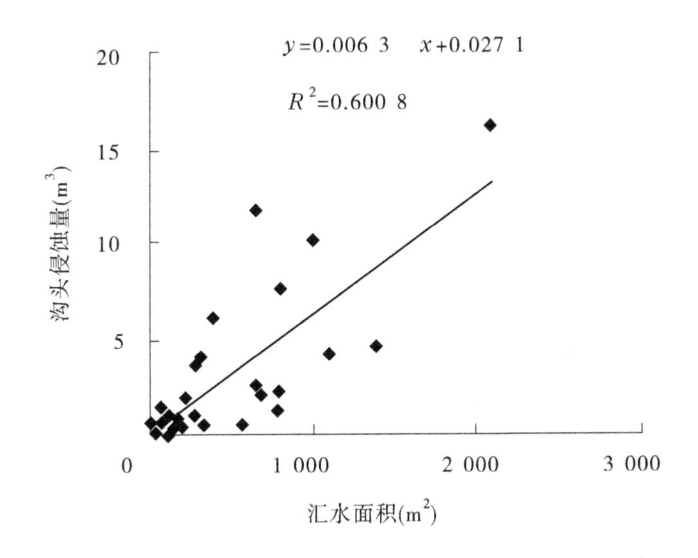

图 4-22　2016 年沟头汇水面积与沟头侵蚀量的关系

2017~2019 年,时段西柳沟流域没有发生强降雨,属于平水年份,实地观测坡面上流水侵蚀不明显,仅部分沟头有流水侵蚀的痕迹。根据 2017~2019 年对 30 个沟头的观测,分别建立各年沟头溯源侵蚀前进距离与汇水面积的关系(见图 4-23)及 3 年时段内沟头前进距离与汇水面积的关系(见图 4-24)。总体上看,没有明显流水侵蚀的沟头每年前进的距离大部分在 2 cm 以内,部分沟头前进的距离接近于零,少部分有流水侵蚀的沟头前进距离达到了 4~6 cm。根据实测数据,2016 年、2017 年、2018 年、2019 年沟头平均前进距离分别为 114. 17 cm、0. 38 cm、1. 01 cm、2. 50 cm。2016~2019 年该区域汛期降水量分别约为 240 mm、80 mm、

120 mm、140 mm，可见暴雨是沟头侵蚀的主要因素，从 2017 年、2018 年、2019 年三年汛期降水量与沟头前进的平均距离看，二者之间也有明显的正相关性。

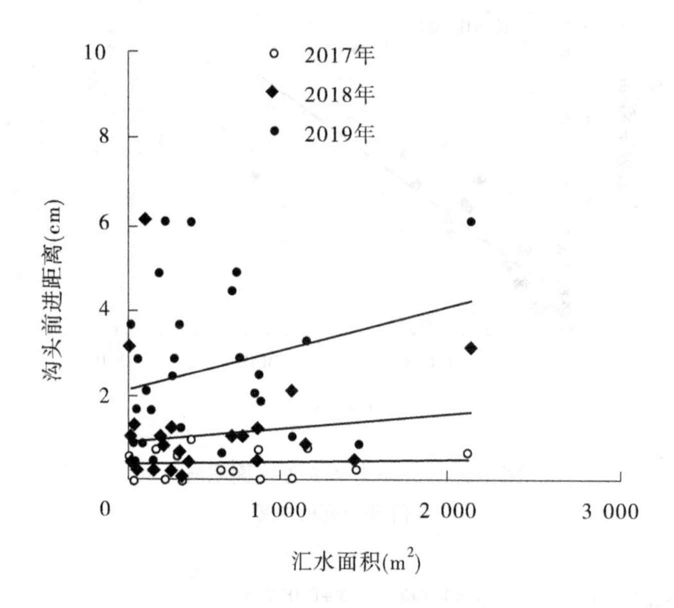

图 4-23　2017～2019 年沟头各年前进距离与汇水面积的关系

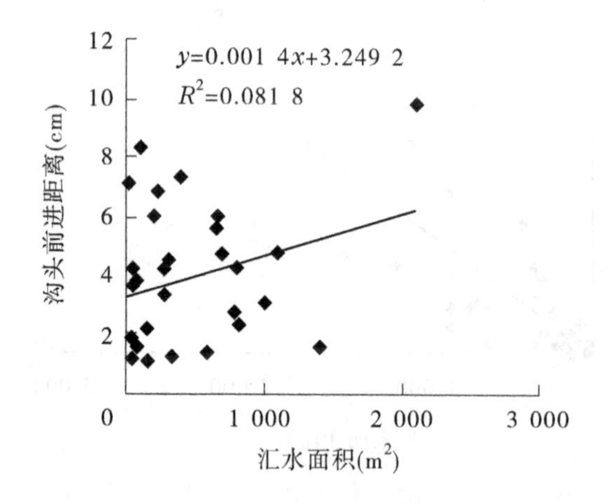

图 4-24　2017～2019 年时段沟头前进距离与汇水面积的关系

从 2017～2019 年时段沟头部位土壤侵蚀量与沟头汇水面积的关系可见，在平水年份沟头侵蚀量与降水量也有较为明显的正相关性（见图 4-25）。

建立 2016～2019 年沟头侵蚀量与逐年汛期降水量的关系，可见二者之间呈现出比较好的指数函数的关系（见图 4-26）。虽然由于观测的年数太少，建立的定量关系是否准确仍然存疑，但是二者之间具有指数函数关系应该较为可信。

4.3.2　沟坡侵蚀

沟坡主要受到水流或雨水冲刷侵蚀及重力侵蚀作用。根据实地观测，西柳沟流域沟

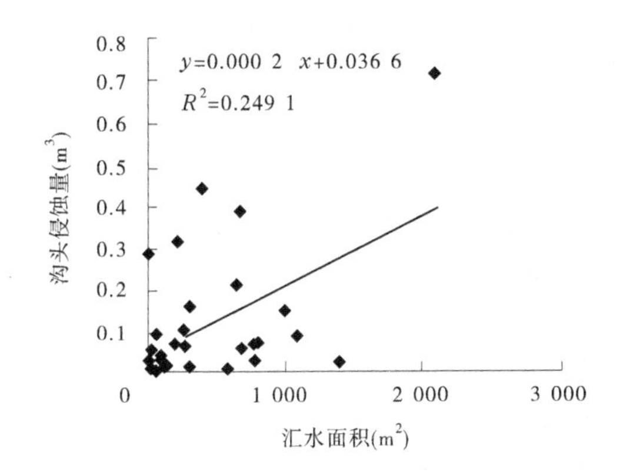

图 4-25　沟头侵蚀量与汇水面积的关系

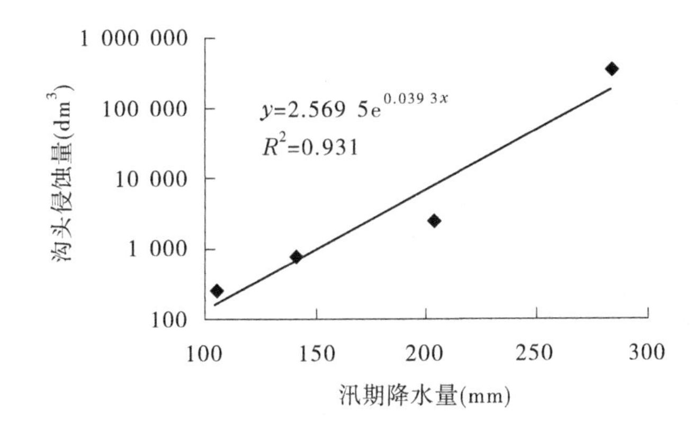

图 4-26　降水量与沟头侵蚀量的关系

坡上发生的重力侵蚀类型主要包括泻溜、崩塌等，由于当地岩土呈水平状分布，很少发生滑坡、滑塌、错落等重力侵蚀类型，这一点与黄土地区的重力侵蚀有明显差别。

采用了两种方法对沟坡上的侵蚀进行观测。对于规模较大的重力侵蚀，由于发生次数少，侵蚀痕迹明显，采用人工直接观测记录的方法；对小型重力侵蚀及侵蚀深度很小的水力侵蚀，采用测钎法进行观测。

采用测钎对沟坡上土体的侵蚀深度进行均匀抽样观测，测钎出露的长度代表了坡面上土体平均的侵蚀深度。本书在西柳沟小乌兰斯太沟流域 1 号骨干坝控制的流域沟坡上设置了 10 个观测坡面，在每个观测坡面上均匀布设 20 个测钎，测钎布设的距离为 1 m×1 m，每个观测坡面控制面积为 200 m²。根据实地观测经验，当地坡面上经常发生的小型重力侵蚀的特征尺度一般小于 1 m，故测钎布设的距离为 1 m 即可对这些侵蚀类型进行控制和测量。测钎的长度为 35 cm，完全插入土体，根据测钎出露长度的变化测量沟坡上土体的侵蚀深度。测钎的宽度、厚度分别约为 4 mm、1.5 mm，由于测钎很细，对土体的扰动可以忽略。监测坡面坡度分布于 39°~85°，坡面下部土质类型为砒砂岩，上部一般覆盖有厚度为 0.1~0.5 m 的沙黄土，沟坡上基本没有植被。

泻溜是裸露陡坡上的土体或岩体受风化作用分离破碎后，在重力作用下呈碎屑状向下坡滚落的现象。泻溜主要是在土体风化的基础上发生的，可以在各种土体或岩性坡面上发生。泻溜在沟坡上是普遍发生的重力侵蚀,特别是在冬、春冻融交替时期,雨后土体发生干缩时期,以及夏季午后气温很高的时候,走在沟道里经常能够听到土粒向下滚落的“沙沙”声。泻溜是沟道侵蚀的重要形式之一,根据黄河水利委员会水土保持实验站分析,天水吕二沟流域产沙总量中有 4.5%的泥石来自泻溜侵蚀。根据杨吉山等在绥德桥沟小流域黄土坡面上的观测,泻溜在沟坡上的平均侵蚀深度为 1~2 mm/a,根据当地的沟坡面积估算,泻溜对当地流域产沙贡献量约为 400 t/(km^2 · a),是沟道中泥沙的重要来源之一。

观测显示:200 个测钎位置 2017 年有 20 个测钎的位置发生了泻溜侵蚀,侵蚀深度范围为 1~8 mm,平均 3.8 mm,表示当年泻溜在坡面上造成的平均侵蚀深度为 0.38 mm;2018 年有 18 个测钎的位置发生了泻溜侵蚀,侵蚀深度范围为 2~8 mm,平均为 5.0 mm,表示当年泻溜在坡面上造成的平均侵蚀深度为 0.45 mm;2019 年有 48 个测钎的位置发生了泻溜侵蚀,侵蚀深度范围为 1~7 mm,平均为 3.7 mm,表示当年泻溜在坡面上造成的平均侵蚀深度为 0.89 mm。在 3 年的监测期内,200 个监测点中发生泻溜的监测点共有 81 处,泻溜发生概率为 40.5%,平均侵蚀深度为 4.3 mm。3 年内泻溜对坡面的侵蚀深度平均为 1.4 mm,平均每年为 0.47 mm。可见,2017 年及 2018 年泻溜侵蚀深度小于 3 年平均值,而 2019 年泻溜侵蚀深度明显大于 3 年平均值。在 2017~2019 年时段内,2019 年降水量最大,可见降水量的大小对泻溜侵蚀量仍有较明显的影响。

从泻溜发生深度与沟坡坡度的关系看,泻溜侵蚀的深度在 50°~70°范围内侵蚀的深度稍大。有些泻溜连续两年或三年发生在同一点位,因此三年间泻溜侵蚀总深度与沟坡的关系稍有不同,其在 50°~70°坡度范围内侵蚀深度稍大的规律更加显著一些。

崩塌是土体从陡坡向下坡倾倒的重力侵蚀现象。崩塌经常发生在坡度很大的陡崖上,在沟谷两岸及沟头处最为常见。砒砂岩区域的土体的层理呈近于水平状,不容易发生滑坡,但是在陡峭的沟坡上,如果下部失去支撑容易发生崩塌,因此砒砂岩坡面上崩塌主要发生在土体风化严重的陡坡上;砒砂岩上覆原状黄土具有垂直节理,降雨一段时间之后临空一面容易发生崩塌,这一点与黄土地区的情况比较相似。

2017 年、2018 年和 2019 年 10 个监测坡面分别共发生崩塌次数 9 次、7 次和 18 次,总的崩塌体积分别为 1.58 m^3、1.27 m^3、4.30 m^3,平均到 2 000 m^2 的监测坡面面积上,平均侵蚀深度分别相当于 0.78 mm、0.63 mm、2.15 mm,3 年总侵蚀深度相当于 3.57 mm,平均每年 1.19 mm。可见崩塌侵蚀量比泻溜侵蚀量大,从这 3 年的监测数据看,崩塌年平均侵蚀量是泻溜年平均侵蚀量的 2.53 倍。

从崩塌在沟坡上的分布看,崩塌主要发生在坡度大于 60°的坡面上,在 3 年的观测期内小于 60°的坡面上没有观测到崩塌发生。从崩塌发生的体积与沟坡坡度的关系看,二者的相关性不是很明显。当然,这有很大的可能性是由于监测的时间太短、监测面积太小,导致获得的数据太少,二者之间关系的规律性没有显示出来。

4.3.3 沟道侵蚀及堆积物的搬运

在小乌兰斯太沟 1 号骨干坝控制流域的沟道中设置了 10 个观测横断面,用以观测沟道中物质的侵蚀和搬运情况。其中,小乌兰斯太沟 1 号骨干坝控制流域有两个主要的支沟,在右侧主支沟上自上而下设置了4个观测断面,分别为1号、3号、5号、6号断面;在右侧支沟的2个支沟上分别设置有2号断面和4号断面;在左侧主沟的支沟上设置了4个观测断面,分别为7号断面、8号断面、9号断面、10号断面。观测方法是在每个测量横断面两端设置两个测量基点,通过测量横断面上各点相对于测量基点高程的变化来计算横断面形态的变化。2017年、2018年和2019年每年汛期结束后对10个横断面进行了测量。

从10个断面的实测情况可见,由于2017~2019年这3年时间内没有强降水发生,沟道中产生的径流量较小,沿着沟床深泓线下切侵蚀或淤积量比较小,横向摆动较为明显,其中4号断面由于沟岸受到流水顶冲导致崩塌横向摆动尤其显著。同时可以看到,在沟坡横断面的陡坡转缓坡处多有几厘米厚的泥沙沉积,这一部分是陡坡的泻溜侵蚀堆积,另一部分是风力侵蚀等堆积物。冬春季节西柳沟风力侵蚀很明显,缓坡处往往草本植被比较多,风沙容易在此处堆积。

以2017年为基础,分别统计2017~2018年、2018~2019年10个横断面的沟床的冲淤量及沟坡上的泥沙堆积量如表4-8所示。

表4-8　实测横断面冲淤面积　（单位:m^2）

时段	横断面序号	1	2	3	4	5	6	7	8	9	10
2017~2018年	沟床冲淤量	0.138	0	0	-0.301	-0.015	0	0.002	-0.001	-0.001	-0.001
	沟坡堆积量	0.023	0.051	0.076	0	0	0.010	0.005	0	0.003	0.002
2018~2019年	沟床冲淤量	-0.172	0	-0.058	-0.011	0	0	0.001	0.002	0	-0.001
	沟坡堆积量	0.074	0.029	0.108	-0.25	0	0.002	0.003	0	0.002	0.001

注:沟床冲淤量正值表示淤积,负值表示冲刷。

4.4　沟道侵蚀产沙量综合分析

流域侵蚀产沙的过程可分为土壤侵蚀的过程和泥沙输出沟道出口断面的产沙过程。从较长时间尺度看,在一个处于稳定或侵蚀状态中的较小的流域内侵蚀量大约等于产沙量,但是在场次降水、年或几年的时间尺度内,侵蚀进入沟道中的泥沙可能暂时在沟道的一些部位沉积下来。另外,坡面上产生的泥沙进入沟道后会与沟道中蓄积的泥沙混合起来,在到达沟口之前经过多次混合及流水的再搬运过程;同时,沟道侵蚀量受到上部坡面来水、来沙的影响。因此,沟道的产沙量受到沟道侵蚀量的影响,也受到流域全部产沙量的影响,同时要考虑来自沟道侵蚀产生的沙量有多大的比例能够输出到沟道出口。由此,沟道产沙量的计算公式可以表示为

$$G = f_1 f_2 f_3 \tag{4-29}$$

式中:G为流域全部侵蚀量,t;f_1为流域全部侵蚀量,t;f_2为流域内沟道侵蚀量占全部侵蚀量的比例;f_3为沟道产沙量占沟道侵蚀量的比例。

4.4.1　沟道侵蚀量分析

目前,对沟道的自动化提取技术还不够成熟,因此暂时不对沟头的自动提取进行更多

的讨论。对小乌兰斯太1号骨干坝控制流域的沟头数量统计采取根据 googlearth 图像进行目视判读方法，统计得到小乌兰斯太1号骨干坝流域沟头的数量为572个。

根据第4章对30个沟头侵蚀的调查，沟头侵蚀量与汛期降水量的关系密切。在假设野外调查的30个沟头侵蚀量具有代表性的前提条件下，小乌兰斯太1号骨干坝流域全部沟头侵蚀量与汛期降水量的关系可以表示为

$$W_t = 48.982\,27e^{0.039\,3P} \tag{4-30}$$

式中：W_t 为沟头年侵蚀量，t；P 为汛期降水量，mm。

根据第4章实测数据计算2016年、2017年、2018年、2019年小乌兰斯太沟1号骨干坝控制流域沟头侵蚀产生的泥沙量分别为6 410.99 m³、4.75 m³、14.72 m³、44.79 m³。

根据对小乌兰斯太1号骨干坝流域沟道的估测，流域内沟道总长度为50.784 km，沟坡总面积为12.44万m²。根据实测观测数据估算2017年、2018年、2019年沟坡上泻溜侵蚀量分别为47.28 m³、55.99 m³、110.73 m³，崩塌等侵蚀量分别为98.29 m³、79.01 m³、267.50 m³，沟坡上总侵蚀量分别为145.57 m³、135.00 m³、378.24 m³。根据第3章对小乌兰斯太1号骨干坝流域2016年沟坡侵蚀量测量为11 700.00 m³。建立2016~2019年沟头年土壤侵蚀量与汛期降水量的关系，可见二者之间呈现出比较好的指数函数的关系（见图4-27）。这与沟头侵蚀量与汛期降水量的关系比较相似。

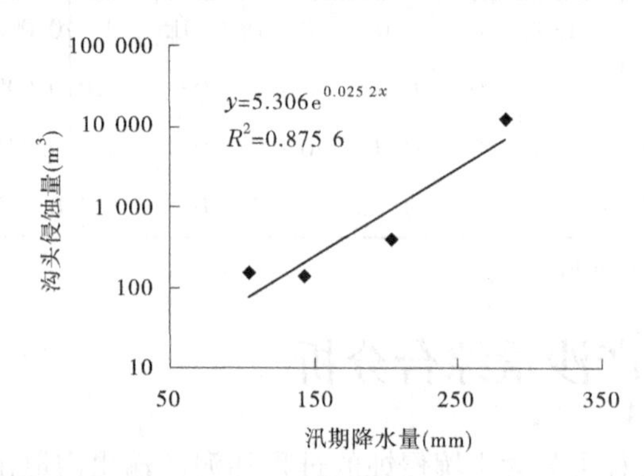

图4-27　小乌兰斯太1号骨干流域沟坡侵蚀量与汛期降水量的关系

小乌兰斯太1号骨干坝流域全部沟头侵蚀量与汛期降水量的关系可以表示为

$$W_s = 5.306e^{0.025\,2P} \tag{4-31}$$

式中：W_s 为沟坡上年土壤侵蚀量，t；P 为汛期降水量，mm。

根据对沟床侵蚀量的分析可见，由于2017~2019年流域内没有发生高强度降雨，沟床冲淤变化不大，沿沟床深泓线部分稍微有所冲刷。根据对10个横断面的监测数据，结合对不同等级沟道长度和冲刷宽度数据的测量，估算2017~2018年及2018~2019年两个时段内沟床的冲刷量分别为10.54 m³及25.10 m³，数量比较小。2017年沟床冲淤量没有进行监测，由于2016年沟床发生了侵蚀，在2017年降水及径流量比较小的情况下，沟床不太容易发生冲刷，因此可以估算2016年沟床的侵蚀量为零。

沟道侵蚀量是沟头侵蚀量、沟坡侵蚀量及沟床侵蚀量三部分的和。结合前面第3章、第4章的测量和计算及本节对沟床侵蚀量的估算，将2016~2019年小乌兰斯太1号骨干坝流域沟道侵蚀量总结如表4-9所示。

表 4-9　小乌兰斯太沟 1 号骨干坝流域沟道逐年侵蚀量

年份	2016 年	2017 年	2018 年	2019 年
沟道侵蚀量(m^3)	22 962.96	150.32	160.26	448.13

4.4.2　坡面侵蚀量

将 2016～2019 年各年坡面上土壤侵蚀量总计如表 4-10 所示，其中土壤密度按照 1.35 g/cm^3 计。

表 4-10　小乌兰斯太沟 1 号骨干坝流域坡面侵蚀量

年份	2016 年	2017 年	2018 年	2019 年
坡面侵蚀量(m^3)	22 074.07	1 337.06	1 904.86	2 695.00

4.4.3　全流域侵蚀量

全流域侵蚀量是沟道侵蚀量与坡面侵蚀量的和。根据上面对逐年沟道侵蚀量(见表 4-9)和坡面侵蚀量(见表 4-10)的分析，可得到小乌兰斯太流域逐年侵蚀量(见表 4-11)。

表 4-11　小乌兰斯太沟 1 号骨干坝流域逐年侵蚀量

年份	2016 年	2017 年	2018 年	2019 年
全流域侵蚀量(m^3)	45 037.03	1 487.38	2 065.12	3 143.13

4.4.4　对流域总产沙量的测量与分析

2017 年、2018 年及 2019 年秋季分别对小乌兰斯太 1 号骨干坝坝库中淤积的泥沙量进行了测量，并对测量结果进行了人工测量对比分析和校正，测量结果为 3 年淤积分别为 1 050.00 m^3、2 425.00 m^3、4 250.00 m^3。结合对 2016 年淤地坝坝库中淤积泥沙量的测量，将 2016～2019 年小乌兰斯太骨干坝流域坝库中泥沙逐年淤积量总结如表 4-12 所示。

表 4-12　小乌兰斯太沟 1 号骨干坝坝库中泥沙逐年淤积量

年份	2016 年	2017 年	2018 年	2019 年
坡面侵蚀量(m^3)	45 037.04	1 050.00	2 425.00	4 250.00

2017～2019 年每年汛后对流域坡面和坝库中泥沙进行取样，采用 ^{137}Cs 和 ^{210}Pb 作为复合指纹识别因子，对坝库中淤积泥沙中来自沟道和坡面的泥沙量进行了分析。取样方法为采用网格法确定取土样的位置，每年在全流域坡面上取 30 个土样，取样深度为 0～5 cm；每年汛后在坝库中泥沙的淤积范围内按照网格法均匀确定取样位置，共取 10 个土样，取样深度为表层至当年淤积深度。土样经风干、研磨、过筛，剔除草根、石块后，每个待测样品保留 400 g。测量使用美国 AMETEK 公司的 ORTECGMX-50220 型高纯锗 γ 能谱仪测量，测量工作在黄河水利科学研究院进行，得到 2017～2019 年来自坡面和沟道的产

沙量计算结果,并结合 2016 年对小流域泥沙来源的分析(表 4-13 中的 1 号淤地坝),将 2016~2019 年小乌兰斯太流域坡面和沟道产沙量总结如表 4-13 所示。

表 4-13　小乌兰斯太沟 1 号骨干坝流域坡面和沟道产沙量　　(单位:m^3)

项目	2016 年	2017 年	2018 年	2019 年
坝库淤积量	45 037.04	1 050.00	2 425.00	4 250.00
坡面产沙量	22 962.96	580.00	1 105.00	2 240.00
沟道产沙量	22 074.07	470.00	1 320.00	2 010.00

4.4.5　沟道产沙量分析

根据以上的分析,计算小乌兰斯太 1 号骨干坝流域 2016~2019 年各年的流域全部土壤侵蚀量、泥沙输移比、流域内沟道侵蚀量占全部侵蚀量的比例、沟道产沙量占沟道侵蚀量的比例如表 4-14 所示。

表 4-14　小乌兰斯太 1 号骨干坝流域沟道侵蚀量及产沙量

项目	2016 年	2017 年	2018 年	2019 年
流域全部侵蚀量(m^3)	45 037.03	1 487.38	2 065.12	3 143.13
泥沙输移比(%)	100.00	70.59	117.43	135.22
沟道侵蚀量/全部侵蚀量(%)	50.99	10.11	7.76	14.26
沟道产沙量/沟道侵蚀量(%)	96.13	312.67	823.66	448.53

从表 4-14 中可以看到,按照土壤密度 1.35 g/cm^3,小乌兰斯太 1 号骨干坝流域面积 3.68 km^2 计算,2016 年、2017 年、2018 年和 2019 年土壤侵蚀强度分别为 16 521.74 $t/(km^2 \cdot a)$、545.64 $t/(km^2 \cdot a)$、757.58 $t/(km^2 \cdot a)$、1 153.05 $t/(km^2 \cdot a)$,可见在发生强降雨的年份,当地侵蚀强度很大,但是在平水年或较干旱年份侵蚀强度是比较小的。

从沟道侵蚀量占全部侵蚀量的比例看,2016 年沟道侵蚀量占约 51%,比较符合我们的野外观测印象。但是其他三个年份沟道侵蚀量占全部侵蚀量的比例只有 10%左右,这超出了我们对沟道侵蚀的最初的认识。这表明,沟道侵蚀主要发生在高强度降水发生的年份,在平水年份沟道侵蚀量比较小;另外一种可能的影响因素是我们对沟道侵蚀的观测不够全面、准确,对沟道侵蚀量的计算结果偏小。

从沟道产沙量占沟道侵蚀量的比例看,在 2016 年发生了大暴雨的情况下大约有 96%的沟道侵蚀量输出了沟道,但是 2017~2019 年产沙量中来自沟道的泥沙量是当年沟道侵蚀的 3~8 倍,这说明在平水年份由于进入沟道中水、沙量较少,泥沙进入沟道中之后经过多次停积和交换,输出的泥沙大部分是来自沟道中往年积存的泥沙,尤其是发生强降水时期沟道中堆积的泥沙,与当年从坡面及沟坡上经侵蚀进入沟道中的泥沙量关系比较小,这一点从 2017~2019 年泥沙输移比数据的跳动性比较大的规律性上也有所体现(见表 4-14)。

4.5 结　论

近年来，黄河流域水土流失治理取得了显著的成效，但是在坡面侵蚀受到明显遏制的情况下，沟道侵蚀仍然十分活跃，成为泥沙的主要来源。本项目选择西柳沟支流小乌兰斯太沟流域为主要研究区域，通过对典型淤地坝小流域进行实地野外观测，对沟道侵蚀产沙过程与特征进行了详细的分析。得到的主要结论如下：

（1）通过引入淤地坝的控制面积、土壤侵蚀强度、淤地坝的拦沙率三个参数建立了淤地坝逐年拦沙量的计算模型，计算结果为2016年西柳沟流域淤地坝的拦沙量为401.70万t，说明土壤侵蚀及淤地坝拦沙主要发生在典型强降水年份。

（2）经过参数的率定，利用USLE模型计算了小乌兰斯太流域2017～2019年逐年坡面侵蚀量分别为1 805.03 t、2 571.56 t、3 638.25 t。

（3）野外监测了小乌兰斯太1号骨干坝流域2017～2019年沟头、沟坡及沟床逐年土壤侵蚀量，初步建立沟头侵蚀与沟坡侵蚀的计算模型。测量结果表明，2016～2019年沟头每年平均前进距离分别为114.17 cm、0.38 cm、1.01 cm、2.50 cm，泻溜对坡面的侵蚀深度平均每年为0.47 mm，崩塌年平均侵蚀量是泻溜年平均侵蚀量的2.53倍，沟头侵蚀、泻溜、崩塌与当年汛期降水量有正相关关系。

（4）综合分析了小乌兰斯太1号骨干坝流域全部泥沙侵蚀量、沟道侵蚀量与沟道产沙量的关系，结果显示在发生了强降水的2016年沟道侵蚀量占全部侵蚀量的比例约为51%，但是2017～2019年三个平水年份沟道侵蚀量占全部侵蚀量的比例只有10%左右，并且在平水年份沟道产沙与当年沟道侵蚀量关系不密切。

参考文献

[1] 白玉琪,陈晓春. 浅析使用全站仪测量淤地坝的方法[J]. 兰州文理学院学报:自然科学版,2016,30(5):118-120.

[2] 陈继革. 黄土高原的淤地坝[J]. 地理教学,2005(12):3-5.

[3] 陈方鑫,张含玉,方怒放,等. 利用两种指纹因子判别小流域泥沙来源[J]. 水科学进展, 2016,27(6):867-875.

[4] 杜光亮. 浅析淤地坝在黄土高原治理水土流失中的作用[J]. 新西部:中旬理论,2015 (6):41-41.

[5] 龚时旸,熊贵枢. 黄河泥沙来源及输移[J]. 人民黄河,1979(1):5-17

[6] 高云飞,郭玉涛,刘晓燕,等. 陕北黄河中游淤地坝拦沙功能失效的判断标准[J]. 地理学报,2014,69(1):73-79.

[7] 郭少峰,贾德彬,高栓伟. 黄河上游西柳沟流域水沙置换模式的初步研究[J]. 水利科技与经济,2016(4):51-55.

[8] 高海东,李占斌,李鹏,等. 基于土壤侵蚀控制度的黄土高原水土流失治理潜力研究[J]. 地理学报,2015,70(9):1503-1515.

[9] 高健翎,高云飞,岳本江,等. 人民治理黄河 70 年水土保持效益分析[J]. 人民黄河, 2016,38(12):20-23.

[10] 高海东,贾莲莲,庞国伟,等. 淤地坝"淤满"后的水沙效应及防控对策[J]. 中国水土保持科学,2017,15(2):140-145.

[11] 韩鹏,倪晋仁. 黄河中游粗泥沙来源探析[J]. 泥沙研究,1997(3):36-38.

[12] 韩鹏,倪晋仁. 水土保持对黄河中游泥沙粒径影响的统计分析[J]. 水利学报,2001(8):69-74.

[13] 黄河上中游管理局. 黄河流域水土保持概论[M]. 郑州:黄河水利出版社,2011.

[14] 何艳霞. 沙界沟小流域坝系布局方案比选[J]. 陕西水利,2014(4):163-164.

[15] 惠波,李鹏,张维,等. 王茂沟流域淤地坝系土壤颗粒与有机碳分布特征研究[J]. 水土保持研究,2015,22(4):1-5.

[16] 侯素珍,郭彦,李婷. 孔兑流域产沙关系浅析[J]. 水土保持研究,2018(1):66-71.

[17] 贺燕子,岳大鹏,达兴,等. 陕北黄土洼聚湫类型划分与侵蚀产沙模拟研究[J]. 水土保持学报,2017(2):87-91.

[18] 景可,陈永宗,李凤新. 黄河泥沙与环境[M]. 北京:科学出版社,1993.

[19] 刘勇,贾西安,杜守君. 南小河沟流域治沟骨干工程的固沟保土作用[J]. 中国水土保持,1992(12):42-44.

[20] 李娟,张维江. 宁南山区淤地坝功能转换的定位划分指标体系[J]. 湖北农业科学,2014, 53(5):1021-1024.

[21] 刘立峰,杜芳艳,马宁,等. 基于黄土丘陵沟壑区第Ⅰ副区淤地坝淤积调查的土壤侵蚀模数计算[J]. 水土保持通报,2015,35(6):124-129.

[22] 刘立峰,金绥庆,付明胜,等.基于坝地泥沙淤积信息的流域侵蚀产沙特征研究[J].山西水土保持科技,2015(1):10-13.

[23] 李志平,冯小丽.关于淤地坝建设中水毁问题及解决措施探讨[J].科技创新与应用,2016(19):192-192.

[24] 李耀军,魏霞,李勋贵,等.淤地坝坝控流域土地利用类型空间优化配置研究[J].兰州大学学报,2016,52(3):307-312.

[25] 罗西超.黄土高原淤地坝建设现状及其发展思路[J].中国水土保持,2016(9):24-25.

[26] 刘晓燕.黄河近年水沙锐减原因[M].北京:科学出版社,2016.

[27] 刘志刚,龚建华.黄土高原小流域坝系规划决策支持系统研究[J].人民黄河,2017, 39(12):85-89.

[28] 李勉,杨二,李平,等.黄土丘陵区小流域淤地坝泥沙沉积特征[J].农业工程学服,2017,33(3):161-166.

[29] 李勉,李平,杨二,等.黄土丘陵区淤地坝建设后小流域泥沙拦蓄与输移特征[J].农业工程学报,2017,33(18):80-86.

[30] 刘宝元,刘晓燕,杨勤科,等.黄土高原小流域水土流失综合治理抗暴雨能力考察报告[J].水土保持通报,2017,37(4):2,349-350.

[31] 刘晓燕,高云飞,王富贵.黄土高原仍有拦沙能力的淤地坝数量及分布[J].人民黄河,2017,39(4):1-5.

[32] 刘龙庆,狄艳艳,张荣刚.基于谷歌地球的湫水河流域暴雨洪水变化分析[J].人民黄河, 2018,40(6):29-33.

[33] 李景宗,刘立斌.近期黄河潼关以上地区淤地坝拦沙量初步分析[J].人民黄河,2018,40(1):1-6.

[34] 刘晓燕,高云飞,马三保,等.黄土高原淤地坝的减沙作用及其时效性[J].水利学报,2018,49(2):145-155.

[35] 马秀峰.关于黄河粗颗粒泥沙来源问题的商榷[J].人民黄河,1982(4):59-64

[36] 孟庆枚.黄土高原水土保持[M].郑州:黄河水利出版社,1996.

[37] 马宁,朱首军,王盼.陕北大、中型淤地坝现状调查与分析[J].水土保持通报,2011,31(3):155-160.

[38] 马三保.黄土丘陵沟壑区水土流失治理示范样板——韭园沟流域[J].中国水土保持, 2016(10):33.

[39] 钱云平,林银平,董雪娜,等.黄河中游粗沙区来沙量与粗泥沙模数变化分析[J].人民黄河,1998,20(40):15-18.

[40] 曲婵,刘万青,刘春春,等.黄土高原淤地坝研究进展[J].水土保持通报,2016,36(6):339-342.

[41] 冉大川,罗全华,刘斌,等.黄河中游地区淤地坝减洪减沙及减蚀作用研究[J].水利学报,2004,35(5):7-13.

[42] 冉大川,罗全华,刘斌,等.黄河中游地区淤地坝减洪减沙作用研究[J].中国水利,2003(17):67-69.

[43] 冉大川,刘斌,王宏,等.黄河中游典型支流水土保持措施减洪减沙作用研究[M].郑州:黄河水利出版社,2006.

[44] 孙虎,甘枝茂,吴成基.黄河中游河口镇至龙门区间不同岩层对河流粗泥沙贡献的分析[J].中国沙

漠,1997,17(3):261-268.

[45] 孙有权.淤地坝建设现状与相关建议[J].科技创新导报,2016,13(10):41-42.

[46] 孙维营,史学建,张攀,等.小流域不同淤地坝系布局拦沙级联效应研究[J].人民黄河, 2016,38(9):82-85.

[47] 史学建,王玲玲,杨吉山,等.基于淤地坝沉积信息的流域土壤侵蚀模数估算[J].人民黄河,2019,41(2):103-106.

[48] 唐克丽,熊贵枢,梁季阳,等.黄河流域的侵蚀与径流泥沙变化[M].北京:中国科学技术出版社:1993.

[49] 王晓华.陕北黄土高原地区淤地坝建设与维护探讨[J].陕西水利,2014(6):98-99.

[50] 魏艳红,王志杰,何忠,等.延河流域 2013 年 7 月连续暴雨下淤地坝毁坏情况调查与评价[J].水土保持通报,2015,35(3):250-255.

[51] 王志坚.黄土高原地区病险淤地坝除险加固探讨[J].中国水土保持,2016(5):14-16.

[52] 王朋晓,岳大鹏,郭坤杰.黄土洼淤地坝沟道沉积物粒度特征与沉积环境分析[J].山东农业科学,2016,48(5):67-74.

[53] 王建领.淤地坝——陕北劳动人民的伟大创造[J].陕西档案,2016(3):17-17.

[54] 王志坚.黄土高原地区病险淤地坝除险加固探讨[J].中国水土保持,2016(5):14-16.

[55] 王道席,侯素珍,杨吉山,等.无定河“7・26”暴雨洪水泥沙来源分析[J].人民黄河,2017,39(12):18-21.

[56] 魏艳红,焦菊英,张世杰.黄土高原典型支流淤地坝拦沙对输沙量减少的贡献[J].中国水土保持科学,2017,15(5):16-22.

[57] 王乃欣,王志坚,梁小卫.基于虚拟现实的淤地坝溃决模拟[J].水资源与水工程学报, 2017(5):162-167.

[58] 王丹,哈玉玲,李占斌,等.宁夏典型流域淤地坝系运行风险评价[J].中国水土保持科学, 2017,15(3):17-25.

[59] 王楠,陈一先,白雷超,等.陕北子洲县“7・26”特大暴雨引发的小流域土壤侵蚀调查[J].水土保持通报,2017,37(4):338-344.

[60] 王永吉,杨明义,张加琼,等.水蚀风蚀交错带小流域淤地坝泥沙沉积特征[J].水土保持研究,2017,24(2):1-5.

[61] 魏艳红,焦菊英,张世杰.黄土高原典型支流淤地坝拦沙对输沙量减少的贡献[J].中国水土保持科学,2017,15(5):16-22.

[62] 徐建华,吕光圻,张胜利,等.黄河中游多沙粗沙区区域界定及产沙输沙规律研究[M].郑州:黄河水利出版社,2000.

[63] 许炯心,孙季.无定河淤地坝拦沙措施时间变化的分析与对策[J].水土保持学报,2006,20(2):26-30.

[64] 许炯心.黄河中游多沙粗沙区水土保持减沙的近期趋势及其成因[J].泥沙研究,2004(2):5-10.

[65] 徐建华,金双彦,高亚军,等.水保措施对“7・26”暴雨洪水减水减沙的作用[J].人民黄河,2017,39(12):22-26.

[66] 颜艳,岳大鹏,陈宝群,等.陕北黄土洼天然淤地坝沉积物粒度特征与降雨关系研究[J].干旱地区

农业研究,2014,32(6):201-206.

[67] 张胜利,康玲玲,陈发中. 黄河中游多沙粗沙区不同地层侵蚀产沙对黄河粗泥沙的影响[J]. 人民黄河,1999,21(12):15-17.

[68] 张晓明,李援农. 运用层次分析法优选淤地坝坝址[J]. 人民黄河,2014,36(10):95-96.

[69] 张信宝,金钊. 延安治沟造地是黄土高原淤地坝建设的继承与发展[J]. 地球环境学报,2015,6(4):261-264.

[70] 赵培,李晓刚,刘志鹏. 淤地坝内外坡地土壤水分含量对比研究[J]. 江西农业学报,2016,28(6):50-54.

[71] 甄自强,黄金柏,王斌,等. 黄土高原北部淤地坝区域土壤水分模拟及水分有效性——以六道沟流域为例[J]. 水资源与水工程学报,2016,27(3):226-232.

[72] 张洪波,俞奇骏,王斌,等. 径流还原计算中淤地坝拦蓄水量还原计算方法[J]. 水文,2016,36(4):12-18.

[73] 张宁宁,刘普灵. 黄土丘陵区近 10 年典型小流域对侵蚀环境演变的泥沙响应[J]. 水土保持学报,2017(3):106-111,117.

[illegible]研究,2014,32(6):201-206.
[67] [illegible]
[illegible],1999,20(12):15-17.
[68] [illegible]人民黄河,2014,36(10):95-96.
[69] [illegible]2015,6(4):
[illegible]
[70] [illegible]2016,29(6):
[illegible]
[71] [illegible]
[illegible],2016,27(1):[illegible]
[72] [illegible]2016,36(4):
[illegible]
[73] [illegible]
[illegible]